大数据开发工程师系列

Java 核心 API 编程

主　编　肖睿　禹晨　马凌
副主编　邢远秀　谢海波　张宇

中国水利水电出版社
www.waterpub.com.cn
·北京·

内 容 提 要

本书深入探究 Java 高级实用技术的内容，从而进一步强化 Java 开发技能。主要内容包括集合框架、泛型、实用类、输入输出处理、多线程、Socket 网络编程、XML 解析等。

为保证最优学习效果，本书紧密结合实际应用，利用大量案例说明和实践，提炼含金量十足的开发经验。本书使用 Java 高级实用技术进行控制台程序开发，并配以完善的学习资源和支持服务，包括视频教程、案例素材下载、学习交流社区、讨论组等终身学习内容，为开发者带来全方位的学习体验，更多技术支持请访问课工场官网：www.kgc.cn。

图书在版编目（CIP）数据

Java核心API编程 / 肖睿，禹晨，马凌主编. -- 北京：中国水利水电出版社，2017.7（2018.12 重印）
（大数据开发工程师系列）
ISBN 978-7-5170-5566-2

Ⅰ. ①J… Ⅱ. ①肖… ②禹… ③马… Ⅲ. ①JAVA语言－程序设计 Ⅳ. ①TP312.8

中国版本图书馆CIP数据核字(2017)第147203号

策划编辑：祝智敏　责任编辑：李　炎　加工编辑：于杰琼　封面设计：梁　燕

书　　名	大数据开发工程师系列 Java核心API编程 Java HEXIN API BIANCHENG
作　　者	主　编　肖睿　禹晨　马凌 副主编　邢远秀　谢海波　张　宇
出版发行	中国水利水电出版社 （北京市海淀区玉渊潭南路1号D座　100038） 网　址：www.waterpub.com.cn E-mail：mchannel@263.net（万水） 　　　　sales@waterpub.com.cn 电　话：（010）68367658（营销中心）、82562819（万水）
经　　售	全国各地新华书店和相关出版物销售网点
排　　版	北京万水电子信息有限公司
印　　刷	三河市铭浩彩色印装有限公司
规　　格	184mm×260mm　16开本　12印张　263千字
版　　次	2017年7月第1版　2018年12月第3次印刷
印　　数	6001—9000册
定　　价	36.00元

凡购买我社图书，如有缺页、倒页、脱页的，本社营销中心负责调换

版权所有·侵权必究

丛书编委会

主　任：肖　睿

副主任：张德平

委　员：杨　欢　　相洪波　　谢伟民　　潘贞玉
　　　　庞国广　　董泰森

课工场：祁春鹏　　祁　龙　　滕传雨　　尚永祯
　　　　习志星　　张雪妮　　吴宇迪　　吉志星
　　　　胡杨柳依　苏胜利　　李晓川　　黄　斌
　　　　习景涛　　宗　娜　　陈　璇　　王博君
　　　　彭长州　　李超阳　　孙　敏　　张　智
　　　　董文治　　霍荣慧　　刘景元　　曹紫涵
　　　　张蒙蒙　　赵梓彤　　罗淦坤　　殷慧通

前　　言

丛书设计：

准备好了吗？进入大数据时代！大数据已经并将继续影响人类的方方面面。2015年8月31日，经李克强总理批准，国务院正式下发《关于印发促进大数据发展行动纲要的通知》，这是从国家层面正式宣告大数据时代的到来！企业资本则以BAT互联网公司为首，不断进行大数据创新，从而实现大数据的商业价值。本丛书根据企业人才实际需求，参考历史学习难度曲线，选取"Java + 大数据"技术集作为学习路径，旨在为读者提供一站式实战型大数据开发学习指导，帮助读者踏上由开发入门到大数据实战的互联网 + 大数据开发之旅！

丛书特点：

1. 以企业需求为设计导向

满足企业对人才的技能需求是本丛书的核心设计原则，为此课工场大数据开发教研团队，通过对数百位BAT一线技术专家进行访谈、对上千家企业人力资源情况进行调研、对上万个企业招聘岗位进行需求分析，从而实现技术的准确定位，达到课程与企业需求的高契合度。

2. 以任务驱动为讲解方式

丛书中的技能点和知识点都由任务驱动，读者在学习知识时不仅可以知其然，而且可以知其所以然，帮助读者融会贯通、举一反三。

3. 以实战项目来提升技术

本丛书均设置项目实战环节，该环节综合运用书中的知识点，帮助读者提升项目开发能力。每个实战项目都设有相应的项目思路指导、重难点讲解、实现步骤总结和知识点梳理。

4. 以互联网 + 实现终身学习

本丛书可通过使用课工场APP进行二维码扫描来观看配套视频的理论讲解和案例操作，同时课工场（www.kgc.cn）开辟教材配套版块，提供案例代码及案例素材下载。此外，课工场还为读者提供了体系化的学习路径、丰富的在线学习资源和活跃的学习社区，方便读者随时学习。

读者对象：

1. 大中专院校的老师和学生
2. 编程爱好者

3. 初中级程序开发人员
4. 相关培训机构的老师和学员

读者服务：

为解决本丛书中存在的疑难问题，读者可以访问课工场官方网站（www.kgc.cn），也可以发送邮件到 ke@kgc.cn，我们的客服专员将竭诚为您服务。

致谢：

本丛书是由课工场大数据开发教研团队研发编写的，课工场（kgc.cn）是北京大学旗下专注于互联网人才培养的高端教育品牌。作为国内互联网人才教育生态系统的构建者，课工场依托北京大学优质的教育资源，重构职业教育生态体系，以学员为本、以企业为基，构建教学大咖、技术大咖、行业大咖三咖一体的教学矩阵，为学员提供高端、靠谱、炫酷的学习内容！

感谢您购买本丛书，希望本丛书能成为您大数据开发之旅的好伙伴！

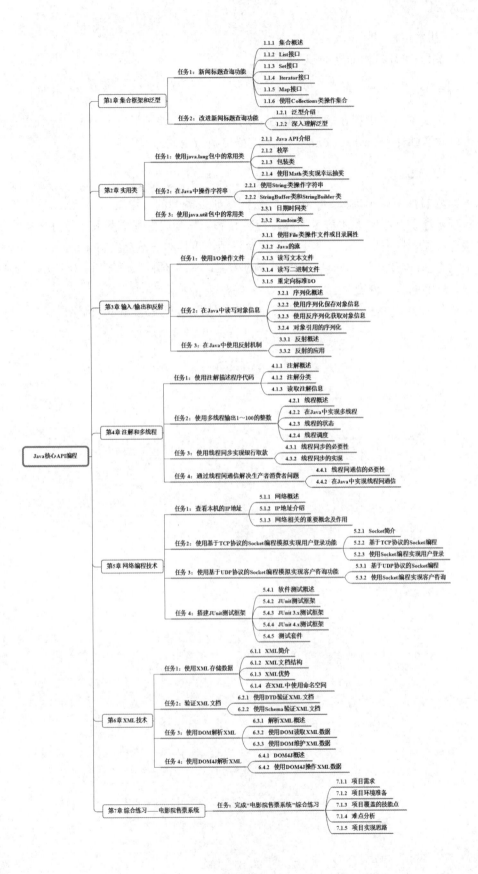

目　　录

前言

第 1 章　集合框架和泛型 1
本章任务 2
任务 1　新闻标题查询功能 2
 1.1.1　集合概述 2
 1.1.2　List 接口 3
 1.1.3　Set 接口 9
 1.1.4　Iterator 接口 11
 1.1.5　Map 接口 12
 1.1.6　使用 Collections 类操作集合 15
任务 2　改进新闻标题查询功能 19
 1.2.1　泛型介绍 19
 1.2.2　深入理解泛型 21
本章总结 25
本章练习 26

第 2 章　实用类 29
本章任务 30
任务 1　使用 java.lang 包中的常用类 30
 2.1.1　Java API 介绍 30
 2.1.2　枚举 31
 2.1.3　包装类 33
 2.1.4　使用 Math 类实现幸运抽奖 35
任务 2　在 Java 中操作字符串 37
 2.2.1　使用 String 类操作字符串 37
 2.2.2　StringBuffer 类和 StringBuilder 类 ... 43
任务 3　使用 java.util 包中的常用类 46
 2.3.1　日期时间类 46
 2.3.2　Random 类 48
本章总结 50
本章练习 51

第 3 章　输入 / 输出和反射 53
本章任务 54
任务 1　使用 I/O 操作文件 54
 3.1.1　使用 File 类操作文件或目录属性 54
 3.1.2　Java 的流 57
 3.1.3　读写文本文件 59
 3.1.4　读写二进制文件 65
 3.1.5　重定向标准 I/O 67
任务 2　在 Java 中读写对象信息 68
 3.2.1　序列化概述 68
 3.2.2　使用序列化保存对象信息 68
 3.2.3　使用反序列化获取对象信息 70
 3.2.4　对象引用的序列化 72
任务 3　在 Java 中使用反射机制 72
 3.3.1　反射概述 72
 3.3.2　反射的应用 74
本章总结 82
本章练习 83

第 4 章　注解和多线程 85
本章任务 86
任务 1　使用注解描述程序代码 87
 4.1.1　注解概述 87
 4.1.2　注解分类 88
 4.1.3　读取注解信息 91
任务 2　使用多线程输出 1～100
   的整数 92
 4.2.1　线程概述 92
 4.2.2　在 Java 中实现多线程 93
 4.2.3　线程的状态 96

4.2.4 线程调度 97
任务 3 使用线程同步实现银行取款 103
4.3.1 线程同步的必要性 103
4.3.2 线程同步的实现 105
任务 4 通过线程间通信解决生产者
消费者问题 107
4.4.1 线程间通信的必要性 108
4.4.2 在 Java 中实现线程间通信 108
本章总结 112
本章练习 113

第 5 章 网络编程技术 115
本章任务 116
任务 1 查看本机的 IP 地址 117
5.1.1 网络概述 117
5.1.2 IP 地址介绍 120
5.1.3 网络相关的重要概念及作用 124
任务 2 使用基于 TCP 协议的 Socket
编程模拟实现用户登录功能 126
5.2.1 Socket 简介 126
5.2.2 基于 TCP 协议的 Socket 编程 127
5.2.3 使用 Socket 编程实现用户登录 129
任务 3 使用基于 UDP 协议的 Socket
编程模拟实现客户咨询功能 134
5.3.1 基于 UDP 协议的 Socket 编程 ... 134
5.3.2 使用 Socket 编程实现客户咨询 136
任务 4 搭建 JUnit 测试框架 137
5.4.1 软件测试概述 137
5.4.2 JUnit 测试框架 138
5.4.3 JUnit 3.x 测试框架 140
5.4.4 JUnit 4.x 测试框架 141
5.4.5 测试套件 143
本章总结 143
本章练习 143

第 6 章 XML 技术 147
本章任务 148
任务 1 使用 XML 存储数据 148
6.1.1 XML 简介 148
6.1.2 XML 文档结构 149
6.1.3 XML 优势 151
6.1.4 在 XML 中使用命名空间 152
任务 2 验证 XML 文档 153
6.2.1 使用 DTD 验证 XML 文档 153
6.2.2 使用 Schema 验证 XML 文档ight........ 156
任务 3 使用 DOM 解析 XML 159
6.3.1 解析 XML 概述 160
6.3.2 使用 DOM 读取 XML 数据 160
6.3.3 使用 DOM 维护 XML 数据 165
任务 4 使用 DOM4J 解析 XML 168
6.4.1 DOM4J 概述 168
6.4.2 使用 DOM4J 操作 XML 数据ight........ 169
本章总结 174
本章练习 174

第 7 章 综合练习——电影院
售票系统 177
本章任务 178
任务 完成"电影院售票系统"
综合练习 178
7.1.1 项目需求 178
7.1.2 项目环境准备 179
7.1.3 项目覆盖的技能点 180
7.1.4 难点分析 180
7.1.5 项目实现思路 180
本章总结 183
本章练习 183

第1章

集合框架和泛型

本章重点
※ List 接口及实现类
※ Map 接口及实现类
※ 泛型集合

本章目标
※ Iterator 接口
※ 泛型类、泛型接口

本章任务

学习本章，完成以下 2 个工作任务。记录学习过程中遇到的问题，可以通过自己的努力或访问 kgc.cn 解决。

任务 1：新闻标题查询功能

在新闻管理系统中，实现新闻标题信息的存储及查询功能。要求使用集合类存储新闻标题（包含 ID、名称、创建者）信息。

任务 2：改进新闻标题查询功能

改进任务 1，使用泛型集合存储新闻标题（包含 ID、名称、创建者）信息，输出新闻标题的总数量及每条新闻标题的名称。

任务 1 新闻标题查询功能

关键步骤如下：
- 创建集合对象，并添加数据。
- 统计新闻标题总数量。
- 输出新闻标题名称。

1.1.1 集合概述

开发应用程序时，如果想存储多个同类型的数据，可以使用数组来实现，但是使用数组存在如下一些明显缺陷：
- 数组长度固定不变，不能很好地适应元素数量动态变化的情况。
- 可通过数组名 .length 获取数组的长度，却无法直接获取数组中实际存储的元素个数。
- 数组采用在内存中分配连续空间的存储方式存储，根据元素信息查找时效率比较低，需要多次比较。

从以上分析可以看出数组在处理一些问题时存在明显的缺陷，针对数组的缺陷，Java 提供了比数组更灵活、更实用的集合框架，可大大提高软件的开发效率，并且不同的集合可适用于不同应用场合。

Java 集合框架提供了一套性能优良、使用方便的接口和类，它们都位于 java.util 包中，其主要内容及彼此之间的关系如图 1.1 所示。

从图 1.1 中可以看出，Java 的集合类主要由 Map 接口和 Collection 接口派生而来，其中 Collection 接口有两个常用的子接口，即 List 接口和 Set 接口，所以通常说 Java

集合框架由三大类接口构成（Map 接口、List 接口和 Set 接口）。本章讲解的主要内容就是围绕这三大类接口进行的。

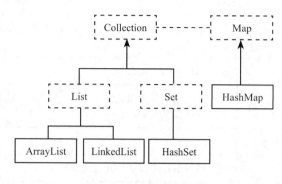

图 1.1 Java 集合框架图

注意：

虚线框表示接口或者抽象类，实线框表示开发中常用的实现类。

1.1.2 List 接口

Collection 接口是最基本的集合接口，可以存储一组不唯一、无序的对象。List 接口继承自 Collection 接口，是有序集合。用户可使用索引访问 List 接口中的元素，类似于数组。List 接口中允许存放重复元素，也就是说 List 可以存储一组不唯一、有序的对象。

List 接口常用的实现类有 ArrayList 和 LinkedList。

1. 使用 ArrayList 类动态存储数据

针对数组的一些缺陷，Java 集合框架提供了 ArrayList 集合类，对数组进行了封装，实现了长度可变的数组，而且和数组采用相同的存储方式，在内存中分配连续的空间，如图 1.2 所示，所以，经常称 ArrayList 为动态数组。但是它不等同于数组，ArrayList 集合中可以添加任何类型的数据，并且添加的数据都将转换成 Object 类型，而在数组中只能添加同一数据类型的数据。

0	1	2	3	4	5
aaaa	dddd	cccc	aaaa	eeee	dddd

图 1.2 ArrayList 存储方式示意图

ArrayList 类提供了很多方法用于操作数据，如表 1-1 中列出的是 ArrayList 类的常用方法。

表 1-1 ArrayList 类的常用方法

方　法	说　明
boolean add(Object o)	在列表的末尾添加元素 o，起始索引位置从 0 开始
void add(int index,Object o)	在指定的索引位置添加元素 o，索引位置必须介于 0 和列表中元素个数之间
int size()	返回列表中的元素个数
Object get(int index)	返回指定索引位置处的元素，取出的元素是 Object 类型，使用前需要进行强制类型转换
void set(int index,Object obj)	将 index 索引位置的元素替换为 obj 元素
boolean contains(Object o)	判断列表中是否存在指定元素 o
int indexOf(Object obj)	返回元素在集合中出现的索引位置
boolean remove(Object o)	从列表中删除元素 o
Object remove(int index)	从列表中删除指定位置的元素，起始索引位置从 0 开始

○ 示例 1

使用 ArrayList 常用方法动态操作数据。

实现步骤：

（1）导入 ArrayList 类。

（2）创建 ArrayList 对象，并添加数据。

（3）判断集合中是否包含某元素。

（4）移除索引为 0 的元素。

（5）把索引为 1 的元素替换为其他元素。

（6）输出某个元素所在的索引位置。

（7）清空 ArrayList 集合中的数据。

（8）判断 ArrayList 集合中是否包含数据。

关键代码：

```
public static void main(String[] args){
    ArrayList list=new ArrayList();                              // ①
    list.add(" 张三丰 ");
    list.add(" 郭靖 ");
    list.add(" 杨过 ");
    // 判断集合中是否包含 " 李莫愁 "，对应步骤（3）
    System.out.println(list.contains(" 李莫愁 "));                  // 输出 false
    // 把索引为 0 的数据移除，对应步骤（4）
    list.remove(0);                                              // ②
    System.out.println("---------------------");
    list.set(1," 黄蓉 ");                                         // ③
```

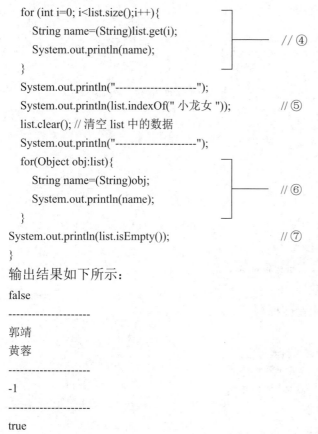

```
        for (int i=0; i<list.size();i++){
            String name=(String)list.get(i);
            System.out.println(name);
        }                                              // ④
        System.out.println("--------------------");
        System.out.println(list.indexOf(" 小龙女 "));    // ⑤
        list.clear(); // 清空 list 中的数据
        System.out.println("--------------------");
        for(Object obj:list){
            String name=(String)obj;
            System.out.println(name);
        }                                              // ⑥
        System.out.println(list.isEmpty());            // ⑦
    }
```

输出结果如下所示：

false

郭靖

黄蓉

-1

----

true

在示例 1 中，①的代码调用 ArrayList 的无参构造方法，创建集合对象。常用的 ArrayList 类的构造方法还有一个带参数的重载版本，即 ArrayList(int initialCapacity)，它构造一个具有指定初始容量的空列表。

②的代码将 list 集合中索引为 0 的元素删除，list 集合的下标是从 0 开始，也就是删除了"张三丰"，集合中现有元素为"郭靖"和"杨过"。

③的代码将 list 集合中索引为 1 的元素替换为"黄蓉"，即将"杨过"替换为"黄蓉"，集合中现有元素为"郭靖"和"黄蓉"。

④的代码是使用 for 循环遍历集合，输出集合中的所有元素。list.get(i) 取出集合中索引为 i 的元素，并强制转换为 String 类型。

⑤的代码为输出元素"小龙女"所在的索引位置，因集合中没有该元素，所以输出结果为 -1。

⑥的代码是使用增强 for 循环遍历集合，输出集合中的所有元素。增强 for 循环的语法在 Java 基础课程中讲过，这里不再赘述。可以看出，遍历集合时使用增强 for 循环比普通的 for 循环在写法上更加简单方便，而且不用考虑下标越界的问题。

⑦的代码用来判断 list 集合是否为空，因为前面执行了 list.clear() 操作，所以集合已经为空，输出为 true。

> **注意：**
> ① 调用 ArrayList 类的 add(Object obj) 方法时，添加到集合当中的数据将被转换为 Object 类型。
> ② 使用 ArrayList 类之前，需要导入相应的接口和类，代码如下：
> import java.util.ArrayList;
> import java.util.List;

➲ 示例 2

使用 ArrayList 集合存储新闻标题信息（包含 ID、名称、创建者），输出新闻标题的总数量及每条新闻标题的名称。

实现步骤：

（1）创建 ArrayList 对象，并添加数据。

（2）获取新闻标题的总数。

（3）遍历集合对象，输出新闻标题名称。

关键代码：

```
// 创建新闻标题对象，NewTitle 为新闻标题类
NewTitle car=new NewTitle(1," 汽车 "," 管理员 ");
NewTitle test=new NewTitle(2," 高考 "," 管理员 ");
// 创建存储新闻标题的集合对象
List newsTitleList=new ArrayList();
// 按照顺序依次添加新闻标题
newsTitleList.add(car);
newsTitleList.add(test);
// 获取新闻标题的总数
System.out.println(" 新闻标题数目为： "+newsTitleList.size()+" 条 ");
// 遍历集合对象
System.out.println(" 新闻标题名称为： ");
for(Object obj:newsTitleList){
    NewTitle title=(NewTitle)obj;
    System.out.println(title.getTitleName());
}
```

输出结果如图 1.3 所示。

图 1.3 输出新闻标题信息

在示例 2 中，ArrayList 集合中存储的是新闻标题对象。在 ArrayList 集合中可以存储任何类型的对象。其中，代码 List newsTitleList=new ArrayList(); 是将接口 List 的引用指向了实现类 ArrayList 的对象，在编程中将接口的引用指向实现类的对象是 Java 实现多态的一种形式，也是软件开发中实现低耦合的方式之一，这样的用法可以大大提高程序的灵活性。随着编程经验的积累，对这个用法的理解会逐步加深。

ArrayList 因为可以使用索引来直接获取元素，所以其优点是遍历元素和随机访问元素的效率比较高。但是由于 ArrayList 采用了和数组相同的存储方式，在内存中分配连续的空间，因此在添加和删除非尾部元素时会导致后面所有元素的移动，这就造成在插入、删除等操作频繁的应用场景下用 ArrayList 会性能低下。所以数据操作频繁时，最好使用 LinkedList 存储数据。

2. 使用 LinkedList 类动态存储数据

LinkedList 类是 List 接口的链接列表实现类。它支持实现所有 List 接口可选的列表的操作，并且允许元素值是任何数据，包括 null。

LinkedList 采用链表存储方式存储数据，如图 1.4 所示，优点在于插入、删除元素时效率比较高，但是 LinkedList 的查找效率很低。

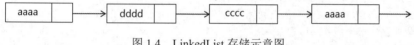

图 1.4　LinkedList 存储示意图

它除了包含 ArrayList 类所包含的方法外，还提供了如表 1-2 所示的一些方法，可以在 LinkedList 的首部或尾部进行插入、删除操作。

表 1-2　LinkedList 类的常用方法

方　　法	说　　明
void addFirst(Object obj)	将指定元素插入到当前集合的首部
void addLast(Object obj)	将指定元素插入当前集合的尾部
Object getFirst()	获得当前集合的第一个元素
Object getLast()	获得当前集合的最后一个元素
Object removeFirst()	移除并返回当前集合的第一个元素
Object removeLast()	移除并返回当前集合的最后一个元素

➲ 示例 3

使用 LinkedList 集合存储新闻标题（包含 ID、名称、创建者），实现获取、添加及删除头条和末条新闻标题信息功能，并遍历集合。

实现步骤：

（1）创建 LinkedList 对象，并添加数据。

（2）添加头条和末尾标题。

（3）获取头条和末条新闻标题信息。
（4）删除头条和末条新闻标题。

关键代码：

```java
// 创建多个新闻标题对象
NewTitle car=new NewTitle(1," 汽车 "," 管理员 ");
NewTitle medical=new NewTitle(2," 医学 "," 管理员 ");
NewTitle fun=new NewTitle(3," 娱乐 "," 管理员 ");
NewTitle gym=new NewTitle(4," 体育 "," 管理员 ");
// 创建存储新闻标题的集合对象并添加数据
LinkedList newsTitleList=new LinkedList();
newsTitleList.add(car);
newsTitleList.add(medical);
// 添加头条新闻标题和末尾标题
newsTitleList.addFirst(fun);
newsTitleList.addLast(gym);
System.out.println(" 头条和末条新闻已添加 ");
// 获取头条以及最末条新闻标题
NewTitle first=(NewTitle) newsTitleList.getFirst();
System.out.println(" 头条的新闻标题为 :"+first.getTitleName());
NewTitle last=(NewTitle) newsTitleList.getLast();
System.out.println(" 排在最后的新闻标题为 :"+last.getTitleName());
// 删除头条和最末条新闻标题
newsTitleList.removeFirst();
newsTitleList.removeLast();
System.out.println(" 头条和末条新闻已删除 ");
System.out.println(" 遍历所有新闻标题： ");
for(Object obj:newsTitleList){
    NewTitle newTitle=(NewTitle)obj;
    System.out.println(" 新闻标题名称： "+newTitle.getTitleName());
}
```

输出结果如图 1.5 所示。

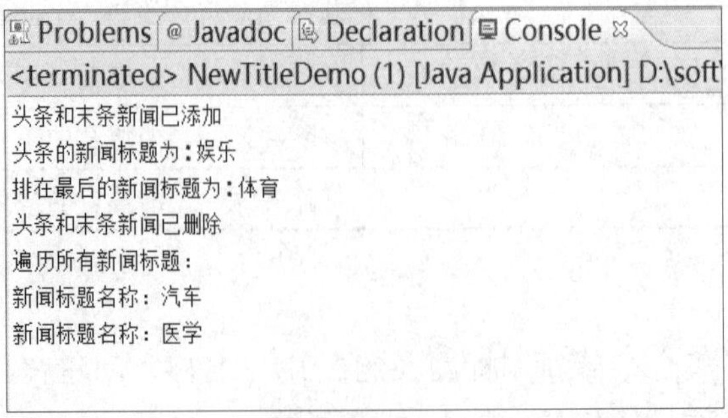

图 1.5 使用 LinkedList 存储并操作新闻标题信息

除了表 1-2 中列出的 LinkedList 类提供的方法外，LinkedList 类和 ArrayList 类所包含的大部分方法是完全一样的，这主要是因为它们都是 List 接口的实现类。由于

ArrayList 采用和数组一样的连续的顺序存储方式,当对数据频繁检索时效果较高,而 LinkedList 采用链表存储方式,当对数据添加、删除或修改比较多时,建议选择 LinkedList 存储数据。

1.1.3 Set 接口

1. Set 接口概述

Set 接口是 Collection 接口的另外一个常用子接口,Set 接口描述的是一种比较简单的集合,集合中的对象并不按特定的方式排序,并且不能保存重复的对象,也就是说 Set 接口可以存储一组唯一、无序的对象。

Set 接口常用的实现类有 HashSet。

2. 使用 HashSet 类动态存储数据

假如现在需要在很多数据中查找某个数据,LinkedList 就无需考虑了,它的数据结构决定了它的查找效率低下。如果使用 ArrayList,在不知道数据的索引,且需要全部遍历的情况下,效率一样很低下。为此 Java 集合框架提供了一个查找效率高的集合类 HashSet。HashSet 类实现了 Set 接口,是使用 Set 集合时最常用的一个实现类。HashSet 集合的特点如下:

- 集合内的元素是无序排列的。
- HashSet 类是非线程安全的。
- 允许集合元素值为 null。

表 1-3 中列举了 HashSet 类的常用方法。

表 1-3 HashSet 类的常用方法

方 法	说 明
boolean add(Object o)	如果此 Set 中尚未包含指定元素 o,则添加指定元素 o
void clear()	从此 Set 中移除所有元素
int size()	返回此 Set 中的元素的数量(Set 的容量)
boolean isEmpty()	如果此 Set 不包含任何元素,则返回 true
boolean contains(Object o)	如果此 Set 包含指定元素 o,则返回 true
boolean remove(Object o)	如果指定元素 o 存在于此 Set 中,则将其移除

⊃ 示例 4

使用 HashSet 类的常用方法存储并操作新闻标题信息,并遍历集合。

实现步骤:

(1)创建 HashSet 对象,并添加数据。

(2)获取新闻标题的总数。

（3）判断集合中是否包含汽车新闻标题。

（4）移除对象。

（5）判断集合是否为空。

（6）遍历集合。

关键代码：

```
// 创建多个新闻标题对象
NewTitle car=new NewTitle(1," 汽车 "," 管理员 ");
NewTitle test=new NewTitle(2," 高考 "," 管理员 ");
// 创建存储新闻标题的集合对象
Set newsTitleList=new HashSet();
// 按照顺序依次添加新闻标题
newsTitleList.add(car);
newsTitleList.add(test);
// 获取新闻标题的总数
System.out.println(" 新闻标题数目为："+newsTitleList.size()+" 条 ");
// 判断集合中是否包含汽车新闻标题
System.out.println(" 汽车新闻是否存在："+newsTitleList.contains(car));    // 输出 true
newsTitleList.remove(test);         // 移除对象
System.out.println(" 汽车对象已删除 ");
System.out.println(" 集合是否为空："+newsTitleList.isEmpty());           // 判断是否为空
// 遍历所有新闻标题
System.out.println(" 遍历所有新闻标题：");
for(Object obj:newsTitleList){
    NewTitle title=(NewTitle)obj;
    System.out.println(title.getTitleName());
}
```

输出结果如图 1.6 所示。

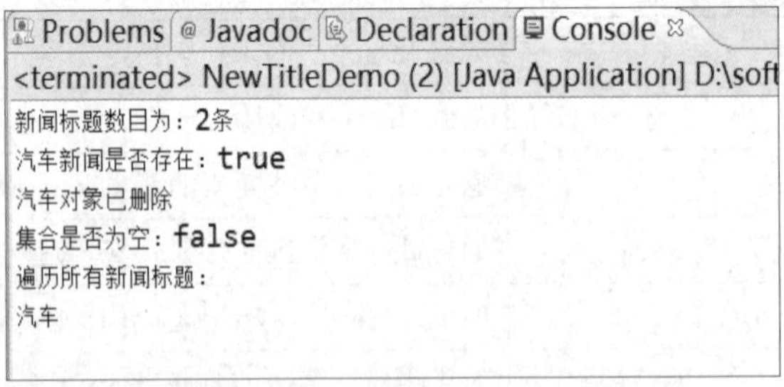

图 1.6　使用 HashSet 存储并操作新闻标题信息

> **注意：**
>
> 使用 HashSet 类之前，需要导入相应的接口和类，代码如下：
> ```
> import java.util.Set;
> import java.util.HashSet;
> ```

在示例 4 中，通过增强 for 循环遍历 HashSet，前面讲过 List 接口可以使用 for 循环和增强 for 循环两种方式遍历，使用 for 循环遍历时，通过 get() 方法取出每个对象，但 HashSet 类不存在 get() 方法，所以 Set 接口无法使用普通 for 循环遍历。其实遍历集合还有一种比较常用的方式，即使用 Iterator 接口。

1.1.4 Iterator 接口

1. Iterator 接口概述

Iterator 接口表示对集合进行迭代的迭代器。Iterator 接口为集合而生，专门实现集合的遍历。此接口主要有如下两个方法：

- ➢ hasNext()：判断是否存在下一个可访问的元素，如果仍有元素可以迭代，则返回 true。
- ➢ next()：返回要访问的下一个元素。

凡是由 Collection 接口派生而来的接口或者类，都实现了 iterate() 方法，iterate() 方法返回一个 Iterator 对象。

2. 使用 Iterator 遍历集合

下面通过示例来学习使用迭代器 Iterator 遍历 Arraylist 集合。

⊃ 示例 5

使用 Iterator 接口遍历 ArrayList 集合。

实现步骤：

（1）导入 Iterator 接口。

（2）使用集合的 iterate() 方法返回 Iterator 对象。

（3）while 循环遍历。

（4）使用 Iterator 的 hasNext() 方法判断是否存在下一个可访问的元素。

（5）使用 Iterator 的 next() 方法返回要访问的下一个元素。

关键代码：

```
public static void main(String[] args){
  ArrayList list=new ArrayList();
  list.add(" 张三 ");
  list.add(" 李四 ");
  list.add(" 王五 ");
  list.add(2, " 杰伦 ");
  System.out.println(" 使用 Iterator 遍历，分别是： ");
  Iterator it=list.iterator();         // 获取集合迭代器 Iterator
  while(it.hasNext()){                 // 通过迭代器依次输出集合中所有元素的信息
    String name=(String)it.next();
    System.out.println(name);
  }
}
```

输出结果如下所示：

使用 Iterator 遍历，分别是：
张三
李四
杰伦
王五

示例 5 中是以 ArrayList 为例使用 Iterator 接口，其他由 Collection 接口直接或间接派生的集合类如已经学习的 LinkedList、HashSet 等。同样可以使用 Iterator 接口进行遍历，遍历方式与示例 5 遍历 ArrayList 集合的方式相同。例如，将示例 5 改为使用 Iterator 对象遍历，关键代码如下：

// 使用 Iterator 遍历 HashSet 集合
while(iterator.hasNext()){
    NewTitle title=(NewTitle) iterator.next();
    System.out.println(title.getTitleName());
}

1.1.5　Map 接口

1．Map 接口概述

Map 接口存储一组成对的键（key）- 值（value）对象，提供 key 到 value 的映射，通过 key 来检索。Map 接口中的 key 不要求有序，不允许重复。value 同样不要求有序，但允许重复。表 1-4 中列举了 Map 接口的常用方法。

表 1-4　Map 接口的常用方法

方　法	说　明
Object put(Object key, Object value)	将相互关联的一个 key 与一个 value 放入该集合，如果此 Map 接口中已经包含了 key 对应的 value，则旧值将被替换
Object remove(Object key)	从当前集合中移除与指定 key 相关的映射，并返回该 key 关联的旧 value。如果 key 没有任何关联，则返回 null
Object get(Object key)	获得与 key 相关的 value。如果该 key 不关联任何非 null 值，则返回 null
boolean containsKey(Object key)	判断集合中是否存在 key
boolean containsValue(Object value)	判断集合中是否存在 value
boolean isEmpty()	判断集合中是否存在元素
void clear()	清除集合中的所有元素
int size()	返回集合中元素的数量
Set keySet()	获取所有 key 的集合
Collection values()	获取所有 value 的集合

Map 接口中存储的数据都是键 - 值对，例如，一个身份证号码对应一个人，其中身份证号码就是 key，与此号码对应的人就是 value。

2. 使用 HashMap 类动态存储数据

最常用的 Map 实现类是 HashMap，其优点是查询指定元素效率高。

⊃ 示例 6

使用 HashMap 存储学生信息，要求可以根据英文名检索学生信息。

实现步骤：

（1）导入 HashMap 类。

（2）创建 HashMap 对象。

（3）调用 HashMap 对象的 put() 方法，向集合中添加数据。

（4）输出学员个数。

（5）输出键集。

（6）判断是否存在"Jack"这个键，如果存在，则根据键获取相应的值。

（7）判断是否存在"Rose"这个键，如果存在，则根据键获取相应的值。

关键代码：

```
// 创建学员对象
Student student1=new Student(" 李明 "," 男 ");
Student student2=new Student(" 刘丽 "," 女 ");
// 创建保存 " 键 - 值对 " 的集合对象
Map students=new HashMap();
// 把英文名称与学员对象按照"键 - 值对"的方式存储在 HashMap 中
students.put("Jack", student1);
students.put("Rose", student2);
// 输出学员个数
System.out.println(" 已添加 "+students.size()+" 个学员信息 ");
// 输出键集
System.out.println(" 键集："+students.keySet());
String key="Jack";
// 判断是否存在 "Jack" 这个键，如果存在，则根据键获取相应的值
if(students.containsKey(key)){
    Student student=(Student)students.get(key);
    System.out.println(" 英文名为 "+key+" 的学员姓名："+student.getName());
}
String key1="Rose";
// 判断是否存在 "Rose" 这个键，如果存在，则删除此键 - 值对
if(students.containsKey(key1)){
    students.remove(key1);
    System.out.println(" 学员 "+key1+" 的信息已删除 ");
}
```

输出结果如图 1.7 所示。

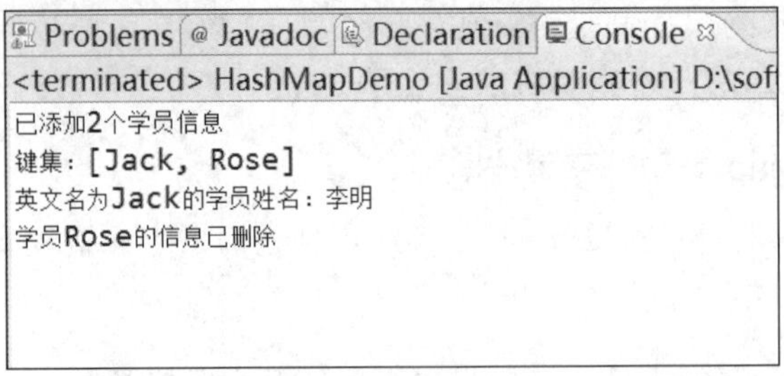

```
Problems  @ Javadoc  Declaration  Console
<terminated> HashMapDemo [Java Application] D:\sof
已添加2个学员信息
键集：[Jack, Rose]
英文名为Jack的学员姓名：李明
学员Rose的信息已删除
```

图 1.7　使用 HashMap 存储并检索学生信息

> **注意**：
> ① 数据添加到 HashMap 集合后，所有数据的数据类型将转换为 Object 类型，所以从其中获取数据时需要进行强制类型转换。
> ② HashMap 类不保证映射的顺序，特别是不保证顺序恒久不变。

遍历 HashMap 集合时可以遍历键集和值集。

示例7

改进示例 6，遍历所有学员的英文名及学员详细信息。

实现步骤：

（1）遍历键集。

（2）遍历值集。

关键代码：

```
// 创建学员对象
Student student1=new Student(" 李明 "," 男 ");
Student student2=new Student(" 刘丽 "," 女 ");
// 创建保存 " 键 - 值对 " 的集合对象
Map students=new HashMap();
// 把英文名称与学员对象按照 " 键 - 值对 " 的方式存储在 HashMap 中
students.put("Jack", student1);
students.put("Rose", student2);
// 输出英文名
System.out.println(" 学生英文名 :");
for(Object key:students.keySet()){
    System.out.println(key.toString());
}
// 输出学生详细信息
System.out.println(" 学生详细信息 :");
for(Object value:students.values()){
    Student student=(Student)value;
    System.out.println(" 姓名：" +student.getName()+", 性别："+student.getSex());
}
```

输出结果如图 1.8 所示。

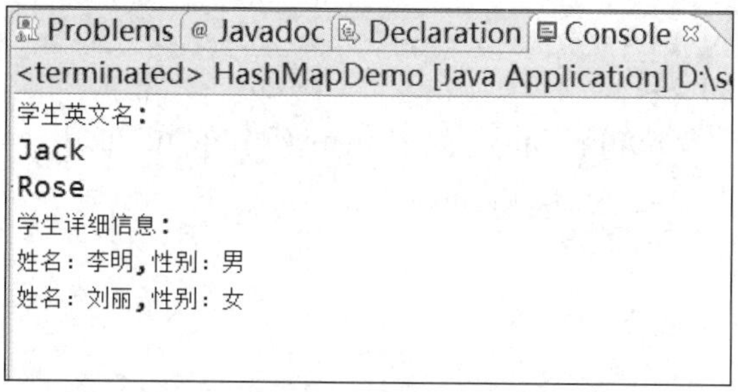

图 1.8　使用 HashMap 遍历学生英文名及详细信息

在示例 7 中，使用增强 for 循环遍历 HashMap 的键集和值集，当然也可以使用前面的普通 for 循环或者迭代器 Iterator 来遍历，视个人习惯而选择。

1.1.6　使用 Collections 类操作集合

Collections 类是 Java 提供的一个集合操作工具类，它包含了大量的静态方法，用于实现对集合元素的排序、查找和替换等操作。

> **注意：**
> Collections 和 Collection 是不同的，前者是集合的操作类，后者是集合接口。

1. 对集合元素排序与查找

排序是针对集合的一个常见需求。要排序就要知道两个元素哪个大哪个小。在 Java 中，如果想实现一个类的对象之间比较大小，那么这个类就要实现 Comparable 接口。此接口强行对实现它的每个类的对象进行整体排序，这种排序被称为类的自然排序，类的 compareTo() 方法被称为它的自然比较方法，此方法用于比较此对象与指定对象的顺序，如果该对象小于、等于或大于指定对象，则分别返回负整数、零或正整数。

compareTo() 方法的定义语法格式如下：

int compareTo(Object obj);

在语法中：

> 参数：obj 即要比较的对象。
> 返回值：负整数、零或正整数，根据此对象是小于、等于还是大于指定对象返回不同的值。

实现此接口的对象列表（和数组）可以通过 Collections.sort() 方法（和 Arrays.sort() 方法）进行自动排序。示例 8 通过实现 Comparable 接口对集合进行排序。

⊃ 示例8

学生类 Student 实现了 Comparable 接口，重写了 compareTo() 方法，通过比较学号实现对象之间的大小比较。

实现步骤：

（1）创建 Student 类。

（2）添加属性学号 number(int)、姓名 name(String) 和性别 gender(String)。

（3）实现 Comparable 接口、compareTo() 方法。

关键代码：

```
public class Student implements Comparable{
    private int number=0;                    // 学号
    private String name="";                  // 姓名
    private String gender="";                // 性别
    public int getNumber(){
        return number;
    }
    public void setNumber(int number){
        this.number=number;
    }
    public String getName(){
        return name;
    }
    public void setName(String name){
        this.name=name;
    }
    public String getGender(){
        return gender;
    }
    public void setGender(String gender){
        this.gender=gender;
    }
    public int compareTo(Object obj){
      Student student=(Student)obj;
      // 如果学号相同，那么两者就是相等的
      if(this.number==student.number){
        return 0;
      // 如果这个学生的学号大于传入学生的学号
      }else if(this.number>student.getNumber()){
        return 1;
      // 如果这个学生的学号小于传入学生的学号
      }else{
        return -1;
      }
    }
}
```

元素之间可以比较大小之后，就可以使用 Collections 类的 sort() 方法对元素进行排序操作了。前面介绍过 List 接口和 Map 接口，Map 接口本身是无序的，所以不能对 Map 接口做排序操作；但是 List 接口是有序的，所以可以对 List 接口进行排序。注意

List 接口中存放的元素，必须是实现了 Comparable 接口的元素才可以。

示例 9

使用 Collections 类的静态方法 sort() 和 binarySearch() 对 List 集合进行排序与查找。

实现步骤：

（1）导入相关类。

（2）初始化数据。

（3）遍历排序前集合并输出。

（4）使用 Collections 类的 sort() 方法排序。

（5）遍历排序后集合并输出。

（6）查找排序后某元素的索引。

关键代码：

```
// 省略声明 Student 对象代码
public static void main(String[] args){
    Student student1=new Student();
    student1.setNumber(5);
    Student student2=new Student();
    student2.setNumber(2);
    Student student3=new Student();
    student3.setNumber(1);
    Student student4=new Student();
    student4.setNumber(4);
    ArrayList list=new ArrayList();
    list.add(student1);
    list.add(student2);
    list.add(student3);
    list.add(student4);
    System.out.println("------- 排序前 -------");
    Iterator iterator=list.iterator();
    while(iterator.hasNext()){
        Student stu=(Student)iterator.next();
        System.out.println(stu.getNumber());
    }
    // 使用 Collections 类的 sort() 方法对 List 集合进行排序
    System.out.println("------- 排序后 -------");
    Collections.sort(list);
    iterator=list.iterator();
    while(iterator.hasNext()){
        Student stu=(Student)iterator.next();
        System.out.println(stu.getNumber());
    }
    // 使用 Collections 类的 binarySearch() 方法对 List 集合进行查找
    int index=Collections.binarySearch(list,student3);  // ①
    System.out.println("student3 的索引是："+index);
}
```

输出结果如下所示：
------- 排序前 -------
5
2
1
4
------- 排序后 -------
1
2
4
5
student3 的索引是：0

示例 9 中，①的代码是使用 Collections 类的 binarySearch() 方法对 List 集合进行查找，因 student3 的学号为 1，排序后索引变为 0。

2．替换集合元素

若有一个需求，需要把一个 List 集合中的所有元素都替换为相同的元素，则可以使用 Collections 类的静态方法 fill() 来实现。下面通过一个示例来学习使用 fill() 方法替换元素。

➲ 示例 10

使用 Collections 类的静态方法 fill() 替换 List 集合中的所有元素为相同的元素。

实现步骤：

（1）导入相关类，初始化数据。

（2）使用 Collections 类的 fill() 方法替换集合中的元素。

（3）遍历输出替换后的集合。

关键代码：

```java
public static void main(String[] args){
    ArrayList list=new ArrayList();
    list.add(" 张三丰 ");
    list.add(" 杨过 ");
    list.add(" 郭靖 ");
    Collections.fill(list, " 东方不败 ");          // 替换元素
    Iterator iterator=list.iterator();
    while(iterator.hasNext()){
        String name=(String)iterator.next();
        System.out.println(name);
    }
}
```

输出结果如下所示：
东方不败
东方不败
东方不败

至此，任务 1 已经全部完成。

任务 2　改进新闻标题查询功能

关键步骤如下：
- 修改任务 1，将集合改为泛型形式。
- 修改遍历集合的代码。

1.2.1　泛型介绍

泛型是 JDK 1.5 的新特性，泛型的本质是参数化类型，也就是说所操作的数据类型被指定为一个参数，使代码可以应用于多种类型。简单说来，Java 语言引入泛型的好处是安全简单，且所有强制转换都是自动和隐式进行的，提高了代码的重用率。

1. 泛型的定义

将对象的类型作为参数，指定到其他类或者方法上，从而保证类型转换的安全性和稳定性，这就是泛型。泛型的本质就是参数化类型。

泛型的定义语法格式如下：

类 1 或者接口 < 类型实参 > 对象 =new 类 2< 类型实参 >();

> **注意：**
> 首先，"类 2"可以是"类 1"本身，可以是"类 1"的子类，还可以是接口的实现类；其次，"类 2"的类型实参必须与"类 1"中的类型实参相同。

例如：ArrayList<String> list=new ArrayList<String>();

上述代码表示创建一个 ArrayList 集合，但规定该集合中存储的元素类型必须为 String 类型。

2. 泛型在集合中的应用

前面学习 List 接口时已经提到，其 add() 方法的参数是 Object 类型，不管把什么对象放入 List 接口及其子接口或实现类中，都会被转换为 Object 类型。在通过 get() 方法取出集合中元素时必须进行强制类型转换，不仅繁琐而且容易出现 ClassCastException 异常。Map 接口中使用 put() 方法和 get() 方法存取对象时，以及使用 Iterator 的 next() 方法获取元素时存在同样问题。JDK 1.5 中通过引入泛型有效地解决了这个问题。JDK 1.5 中已经改写了集合框架中的所有接口和类，增加了对泛型的支持，也就是泛型集合。

使用泛型集合在创建集合对象时指定集合中元素的类型，从集合中取出元素时无需进行类型强制转换，并且如果把非指定类型对象放入集合，会出现编译错误。

List 和 ArrayList 的泛型形式是 List<E> 和 ArrayList<E>，ArrayList<E> 与 ArrayList 类的常用方法基本一样，示例 11 演示了 List<E> 和 ArrayList<E> 的用法。

示例 11

使用 ArrayList 的泛型形式改进示例 2。

实现步骤：

（1）实现步骤同示例 2。

（2）创建集合对象时，使用的是 ArrayList<NewTitle>。

（3）遍历集合时不需要进行类型转换。

关键代码：

```
// 省略与示例 2 相同部分的代码
List<NewTitle> newsTitleList=new ArrayList<NewTitle>();
// 按照顺序依次添加新闻标题
newsTitleList.add(car);
newsTitleList.add(test);
// 根据位置获取相应新闻标题，逐条输出每条新闻标题的名称
System.out.println(" 新闻标题的名称为 :");
for (NewTitle title:newsTitleList) {
    System.out.println(title.getTitleName());
}
```

输出结果与示例 2 相同，如图 1.3 所示。

示例 11 中通过 <NewTitle> 指定了 ArrayList 中元素的类型，代码中指定了 ArrayList 中只能添加 NewTitle 类型的数据，如果添加其他类型数据，将会出现编译错误，这在一定程度上保证了代码安全性。并且数据添加到集合中后不再转换为 Object 类型，保存的是指定的数据类型，所以在集合中获取数据时也不再需要进行强制类型转换。

同样的，Map 与 HashMap 也有它们的泛型形式，即 Map<K,V> 和 HashMap<K,V>。因为它们的每一个元素都包含两个部分，即 key 和 value，所以，在应用泛型时，要同时指定 key 的类型和 value 的类型，K 表示 key 的类型，V 表示 value 的类型。

HashMap<K,V> 操作数据的方法与 HashMap 基本一样，示例 12 演示了 Map<K,V> 和 HashMap<K,V> 的用法。

示例 12

使用 HashMap 的泛型形式改进示例 7。

实现步骤：

（1）实现步骤同示例 7。

（2）创建集合对象时，使用的是 HashMap<String,Student>。

（3）遍历集合时不需要进行类型转换。

关键代码：

```
// 省略与示例 7 相同部分的代码
Map<String,Student> students=new HashMap<String,Student>();
```

```
// 把英文名称与学员对象按照"键 - 值对"的方式存储在 HashMap 中
students.put("Jack", student1);
students.put("Rose", student2);
// 输出英文名
System.out.println(" 学生英文名 :");
for(String key:students.keySet()){
    System.out.println(key);
}
// 输出学生详细信息
System.out.println(" 学生详细信息 :");
for(Student value:students.values()){
    System.out.println(" 姓名："+value.getName()+", 性别："+value.getSex());
}
```

输出结果与示例 7 相同，如图 1.8 所示。

在示例 12 中，通过 <String,Student> 指定了 Map 集合的数据类型，在使用 put() 方法存储数据时，Map 集合的 key 必须为 String 类型，value 必须为 Student 类型的数据，而在遍历键集的 for 循环中，变量 key 的类型不再是 Object，而是 String；在遍历值集的 for 循环中，变量 value 的类型不再是 Object，而是 Student，同样，Map.get(key) 得到的值也是 Student 类型数据，不再需要进行强制类型转换。

当然，其他的集合类，如前面讲到的 LinkedList、HashSet 等也都有自己的泛型形式，用法和 ArrayList、HashMap 的泛型形式类似，这里不再赘述。

泛型使集合的使用更方便，也提升了安全：
➢ 存储数据时进行严格类型检查，确保只有合适类型的对象才能存储在集合中。
➢ 从集合中检索对象时，减少了强制类型转换。

1.2.2 深入理解泛型

在集合中使用泛型只是泛型多种应用的一种，在接口、类、方法等方面也有着泛型的广泛应用。泛型的本质就是参数化类型，参数化类型的重要性在于允许创建一些类、接口和方法，其所操作的数据类型被定义为参数，可以在真正使用时指定具体的类型。

在学习如何使用泛型之前，还需要了解以下两个重要的概念：
➢ 参数化类型：参数化类型包含一个类或者接口，以及实际的类型参数列表。
➢ 类型变量：是一种非限定性标识符，用来指定类、接口或者方法的类型。

1. 定义泛型类、泛型接口和泛型方法

对于一些常常处理不同类型数据转换的接口或者类，可以使用泛型定义，如 Java 中的 List 接口。定义泛型接口或类的过程，与定义一个接口或者类相似。

（1）泛型类

泛型类简单地说就是具有一个或者多个类型参数的类。

定义泛型类的语法格式如下：

访问修饰符 class className<TypeList>

TypeList 表示类型参数列表，每个类型变量之间以逗号分隔。

例如：

public class GenericClass<T>{……}

创建泛型类实例的语法格式如下：

new className<TypeList>(argList);

> TypeList 表示定义的类型参数列表，每个类型变量之间以逗号分隔。
> argList 表示实际传递的类型参数列表，每个类型变量之间同样以逗号分隔。

例如：

new GenericClass<String>("this is String object")

（2）泛型接口

泛型接口就是拥有一个或多个类型参数的接口。泛型接口的定义方式与定义泛型类类似。

定义泛型接口的语法格式如下：

访问修饰符 interface interfaceName<TypeList>

TypeList 表示由逗号分隔的一个或多个类型参数列表。

例如：

public interface TestInterface<T>{
    public T print(T t);
}

泛型类实现泛型接口的语法格式如下：

访问修饰符 class className<TypeList> implements interfaceName<TypeList>

示例 13

定义泛型接口、泛型类，泛型类实现泛型接口，在泛型类中添加相应的泛型方法。

实现步骤：

1）定义泛型接口 TestInterface<T>，添加方法 getName()，并设置返回类型为 T。

2）定义泛型类 Student<T>，并实现接口 TestInterface<T>，声明类型为 T 的字段 name，添加构造方法。

3）使用 Student<T> 实例化 TestInterface<T>。

关键代码：

```
// 定义泛型接口
interface TestInterface<T>{
    public T getName();                    // 设置的类型由外部决定
}
// 定义泛型类
class Student<T> implements TestInterface<T>{    // 实现接口 TestInterface<T>
    private T name;                        // 设置的类型由外部决定
    public Student(T name){
        this.setName(name);
    }
```

```
        public void setName(T name){
            this.name=name;
        }
        public T getName(){                          // 返回类型由外部决定
            return this.name;
        }
    }
    public class GenericesClass{
        public static void main(String[] args){
            TestInterface<String> student=new Student<String>(" 张三 ");     // ①
            System.out.println(student.getName());
        }
    }
```

输出结果如下所示：

张三

在示例 13 中，①的代码用来创建 Student 对象，Student 泛型类的泛型参数定义为 String 类型，执行此代码后，TestInterface 接口和 Student 类中的泛型参数类型都为 String。并会通过 Student 类中只有一个 String 参数的构造方法来创建对象，则 name 属性的值为"张三"。

（3）泛型方法

一些方法常常需要对某一类型数据进行处理，若处理的数据类型不确定，则可以通过泛型方法的方式来定义，达到简化代码、提高代码重用性的目的。

泛型方法实际上就是带有类型参数的方法。需要特别注意的是，定义泛型方法与方法所在的类、或者接口是否是泛型类或者泛型接口没有直接的联系，也就是说无论是泛型类还是非泛型类，如果需要就可以定义泛型方法。

定义泛型方法的语法格式如下：

访问修饰符 < 类型参数 > 返回值 方法名（类型参数列表）

例如：

public <String> void showName(String s){ }

注意在泛型方法中，类型变量是放置在访问修饰符与返回值之间。

◯ 示例 14

定义泛型方法并调用。

实现步骤：

1）定义泛型方法。

2）调用泛型方法。

关键代码：

```
public class GenericMethod {
    // 定义泛型方法
    public <Integer> void showSize(Integer o){
```

```
        System.out.println(o.getClass().getName());
    }
    public static void main(String[] args) {
        GenericMethod gm=new GenericMethod();
        gm.showSize(10);
    }
}
```

输出结果如下所示：

java.lang.Integer

2. 多个参数的泛型类

前面的示例中，泛型类的类型参数都只有一个，实际上类型参数可以有多个，如 HashMap<K,V> 就有两个类型参数，一个指定 key 的类型，一个指定 value 的类型。下面介绍如何自定义一个包含多个类型参数的泛型类。

⊃ 示例 15

定义泛型类，并设置两个类型参数。

实现步骤：

（1）定义泛型类。

（2）实例化泛型类。

关键代码：

```
// 创建泛型类
class GenericDemo<T,V>{
    private T a;
    private V b;
    public GenericDemo(T a,V b){
        this.a=a;
        this.b=b;
    }
    public void showType(){
        System.out.println("a 的类型是 "+a.getClass().getName());
        System.out.println("b 的类型是 "+b.getClass().getName());
    }
}
// 实例化泛型类
public class Demo{
    public static void main(String[] args) {
        GenericDemo<String,Integer> ge1=new GenericDemo<String,Integer>("Jack",23);
        ge1.showType();
    }
}
```

输出结果如下所示：

a 的类型是 java.lang.String
b 的类型是 java.lang.Integer

在示例 15 中，GenericDemo<T,V> 类定义了两个类型参数，分别是 T 和 V。定义时这两个类型变量的具体类型并不知道。注意，当在一个泛型中，需要声明多个类型参数时，只需要在每个类型参数之间使用逗号将其隔开即可。在实例化泛型类时，就需要传递两个类型参数，这里分别使用了 String 和 Integer 代替了 T 和 V。

3. 从泛型类派生子类

面向对象的特性同样适用于泛型类，所以泛型类也可以继承。不过，继承了泛型类的子类，必须也是泛型类。

继承泛型类的语法格式如下：

class 子类 <T> extends 父类 <T>{ }

示例 16

定义泛型父类，同时定义一个泛型子类继承泛型父类。

实现步骤：

（1）定义父类 Farm<T>，并添加整型字段 plantNum、方法 plantCrop(T crop)。

（2）定义子类 FruitFarm <T>，重写方法 plantCrop (List<T> list)。

关键代码：

```
// 父类 Farm<T>( 农场类 )
public class Farm<T>{
    protected int plantNum=0;                   // 农作物种植数量
    public void plantCrop(T crop){              // 种植农作物的方法
        plantNum ++;
    }
}
// 子类果园类继承泛型类 Farm<T>
public class FruitFarm<T> extends Farm<T>{
    public void plantCrop(List<T> list){        // 重写种植农作物的方法
        plantNum+=list.size();
    }
}
```

至此，任务 2 已经全部完成。

本章总结

本章学习了以下知识点：

➢ 集合弥补了数组的缺陷，它比数组更灵活实用，而且不同的集合适用于不同场合。

➢ Java 集合框架共有三大类接口，即 Map 接口、List 接口和 Set 接口。

- ArrayList 和数组采用相同的存储方式，它的特点是长度可变且可以存储任何类型的数据，它的优点在于遍历元素和随机访问元素的效率较高。
- LinkedList 采用链表存储方式，优点在于插入、删除元素时效率较高。
- Iterator 为集合而生，专门实现集合的遍历，它隐藏了各种集合实现类的内部细节，提供了遍历集合的统一编程接口。
- HashMap 是最常用的 Map 实现类，它的特点是存储键值对数据，优点是查询指定元素效率高。
- 泛型的本质是参数化类型，也就是说所操作的数据类型被指定为一个参数，使代码可以应用于多种数据类型。
- 使用泛型集合在创建集合对象时指定集合中元素的类型，从集合中取出元素时无需进行强制类型转换。
- 在集合中使用泛型只是泛型多种应用的一种，在接口、类、方法等方面也有着泛型的广泛应用。
- 如果数据类型不确定，可以通过泛型方法的方式，达到简化代码、提高代码重用性的目的。

本章练习

1. 编写 Java 程序，创建一个 HashMap 对象，并在其中添加学生的姓名和成绩，键为学生姓名（String 类型），值为学生成绩（Integer 类型）。使用增强 for 循环遍历该 HashMap，并输出学生成绩。程序输出结果如图 1.9 所示。

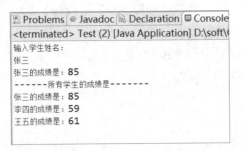

图 1.9　学生成绩查询结果

2. 编写 Java 程序，创建 3 个 ArrayList 对象，每个对象中添加一些学员的姓名。再创建 HashMap 对象，以年级名称为键，存放学员的 ArrayList 为值。然后从 HashMap 对象中获取某个班级的学员信息并输出。程序输出结果如图 1.10 所示。

3. 编写 Java 程序，创建学员类 Student，并添加姓名、年龄、性别等字段，创建 3 个 ArrayList<T> 对象，指定 T 为 Student 类，每个 ArrayList<T> 中添加一些学员对象，再创建 HashMap<K,V> 对象，以年级名称为键，指定为 String 类型，指定 value 类型为 ArrayList<Student>，值为存放学员的 ArrayList<T> 对象，然后从 HashMap<K,V>

对象中获取某个班级的学员信息并输出。程序输出结果如图 1.11 所示。

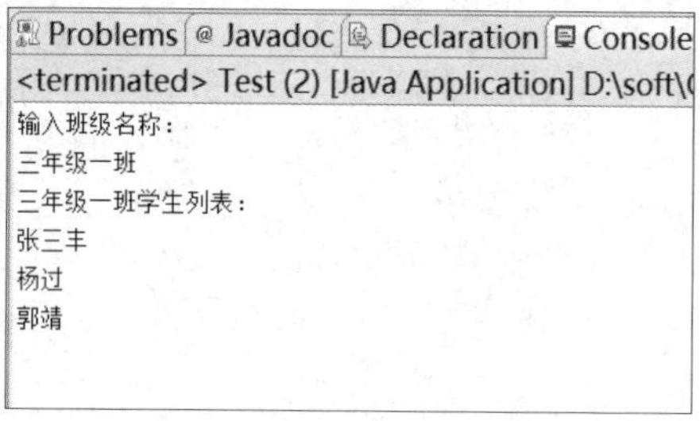

图 1.10　班级学生列表

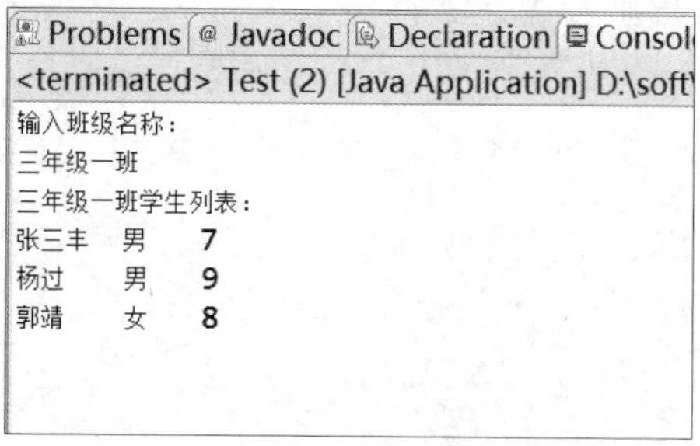

图 1.11　查询班级全部学员信息

随手笔记

第 2 章

实用类

▶ 本章重点

- ※ 使用 String 类操作字符串
- ※ StringBuffer 类
- ※ StringBuilder 类
- ※ Date 类及 Calendar 类

▶ 本章目标

- ※ 了解包装类
- ※ 了解 String 类及 StringBuffer 类操作字符串的原理

本章任务

学习本章，需要完成以下 3 个工作任务。请记录学习过程中所遇到的问题，可以通过自己的努力或访问 kgc.cn 解决。

任务 1：使用 java.lang 包中的常用类

java.lang 是编写 Java 程序时最广泛使用的包，包含了 Java 程序的基础类和接口。本任务主要学习 java.lang 包中的包装类、Math 类等常用的类，以及 Java 中枚举类型的用法。

任务 2：在 Java 中操作字符串

字符串被广泛地应用在程序中，很多操作都要使用字符串来完成。例如，密码、电子邮箱、登录系统或 BBS 的用户名等都使用字符串来存储。java.lang 包提供了 String、StringBuffer、StringBuilder 这 3 个类，用于在 Java 程序中操作字符串，本任务学习这 3 个类的用法。

任务 3：使用 java.util 包中的常用类

java.util 包提供了一些系统辅助类，如上一章学习的集合类，以及本任务将要学习的 Date、Calendar、SimpleDateFormat、Random 等常用的工具类。本任务主要学习在 Java 程序中操作日期时间以及使用 Random 类获得随机数。

关键步骤如下：
- ➢ 使用枚举实现输出每周日程信息。
- ➢ 使用包装类进行类型转换。
- ➢ 使用 Math 类实现幸运抽奖。

2.1.1　Java API 介绍

Java API（Java Application Programming Interface）即 Java 应用程序编程接口，它是运行库的集合，预先定义了一些接口和类，程序员可以直接使用这些已经被打包的接口和类来开发具体的应用，节约了程序员大量的时间和精力。API 除了有"应用程序编程接口"的意思外，还特指 API 的说明文档，也称帮助文档。

Java 语言的强大之处在于它提供了多种多样的类库，从而大大提高了程序员的编程效率和质量。

Java API 提供了如下常用的包：

- java.lang:编写 Java 程序时最广泛使用的包,自动导入到所有的程序中,包含了 Java 程序的基础类和接口。包装类、Math 类、String 类等常用的类都包含在此包中,java.lang 包还提供了用于管理类的动态加载、外部进程创建、主机环境查询和安全策略实施等"系统操作"的类。
- java.util:包含了系统辅助类,特别是 Collection、List 和 Map 等集合类。
- java.io:包含了与输入/输出有关的类,如文件操作等类。
- java.net:包含了与网络有关的类,如 Socket、ServerSocket 等类。
- java.sql:包含了与数据库相关的类,如 Connection、Statement 等类。

本章主要学习 java.lang 和 java.util 两个包中的常用类。

2.1.2 枚举

1. 枚举概述

从 Java SE 5.0 开始,Java 程序设计语言引入了一种新的类型——枚举(Enum)。枚举是指出一组固定的常量组成的类型。使用关键字 enum 定义。

定义枚举语法格式如下:

```
[Modifier] enum enumName{
    enumContantName1[,enumConstantName2...[;]]
    //[field,method]
}
```

- Modifier 是访问修饰符,如 public 等。
- enum 是关键字。
- enumContsantName1[,enumConstantName2...[;]] 表示枚举常量列表,枚举常量之间以逗号隔开。
- //[field,method] 表示其他的成员,包括构造方法,置于枚举常量的后面。
- 在枚举中,如果除了定义枚举常量,还定义了其他成员,则枚举常量列表必须以分号(;)结尾。

○ 示例 1

定义表示性别的枚举,两个枚举常量分别代表"男"和"女"。

关键代码:

```
public enum Genders{
    Male,Female
}
```

枚举其实就是一种类型,是 java.lang.Enum 类的子类,继承了 Enum 类的许多有用的方法。关于 Enum 类,此处不深入讲解,以后用到时请读者自行查看 API 即可。

2. 使用枚举实现输出每周日程信息

在 Java 中,通常使用枚举表示一组个数有限的值,用于实现对输入的值进行约束检查。下面通过示例 2，学习在程序中如何使用枚举。

⊃ 示例 2

定义一个枚举，其中包括 7 个枚举常量代表一周中的 7 天，编程实现查看一周中每天的日程安排。

实现步骤：

（1）定义枚举。

（2）定义枚举变量。

（3）查看一周中每天的日程安排。

关键代码：

```java
// 定义枚举
public enum Week {
    MON,TUE,WED,THU,FRI,SAT,SUN
}
/**
 * 查看日程安排
 * @param day 星期几
 */
public void doWhat(Week day){
    switch(day){
        case MON:
        case TUE:
        case WED:
        case THU:
        case FRI:
            System.out.println(" 工作日，努力写代码！ ");
            break;
        case SAT:
            System.out.println(" 星期六，休息！看电影！ ");
            break;
        case SUN:
            System.out.println(" 星期日，休息！打篮球！ ");
            break;
        default:
            System.out.println(" 地球上一个星期就 7 天 ");
    }
}
public static void main(String[] args) {
    WeekDemo wd=new WeekDemo();
    wd.doWhat(Week.THU);
    Week sat=Week.SAT;
    wd.doWhat(sat);
}
}
```

输出结果如图 2.1 所示。

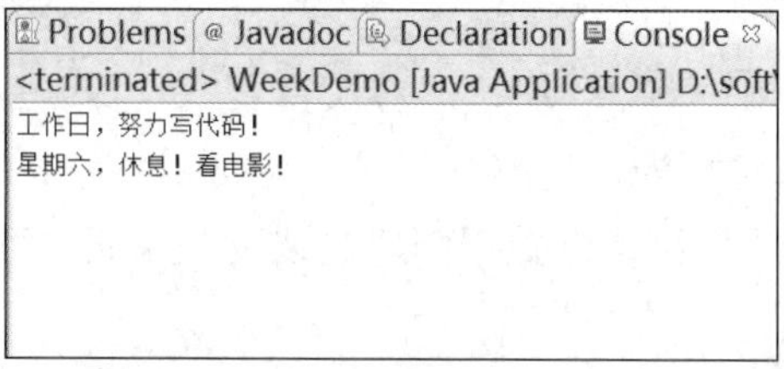

```
Problems @ Javadoc Declaration Console
<terminated> WeekDemo [Java Application] D:\soft
工作日，努力写代码！
星期六，休息！看电影！
```

图 2.1　输出日程信息

在示例 2 中，switch 结构传入的变量 day 是 Week 类型，即枚举类型，case 后面的常量类型要与之匹配，必须是 Week 中定义的枚举常量。

在程序中使用枚举的好处总结如下：

- ➢ 枚举可以使代码更易于维护，有助于确保为变量指定合法的、期望的值。
- ➢ 枚举更易于编程时输入，使用枚举赋值，只需要输入枚举名，然后输入一个点（.），就能将所有的值显示出来。
- ➢ 枚举使代码更清晰，允许用描述性的名称表示数据，使用时直观方便。

2.1.3　包装类

1. 包装类概述

Java 语言是面向对象的，但是 Java 中的基本数据类型却不是面向对象的，这在实际开发中存在很多的不便，为了解决这个不足，在设计类时为每个基本数据类型设计了一个对应的类，称为包装类。

包装类均位于 java.lang 包中，包装类和基本数据类型的对应关系如表 2-1 所示。

表 2-1　包装类和基本数据类型的对应表

基本数据类型	包装类
byte	Byte
boolean	Boolean
short	Short
char	Character
int	Integer
long	Long
float	Float
double	Double

包装类的用途主要有两个：

- ➢ 包装类作为和基本数据类型对应的类存在，方便对象的操作。

> 包装类包含每种基本数据类型的相关属性，如最大值、最小值等，以及相关的操作方法。

2. 包装类和基本数据类型的转换

（1）基本数据类型转换为包装类

在 Java 中，基于基本数据类型数据创建包装类对象通常可以采用如下两种方式。

1）使用包装类的构造方法

包装类的构造方法有两种形式：

> public Type(type value)。
> public Type(String value)。

其中，Type 表示包装类，参数 type 为基本数据类型。

针对每一个包装类，都可以使用关键字 new 将一个基本数据类型值包装为一个对象。例如，要创建一个 Integer 类型的包装类对象，代码可以这样写：

Integer intValue=new Integer(21);

或

Integer intValue=new Integer("21");

> **注意：**
> 不能使用第二种形式的构造方法创建 Character 类型的包装类对象。只能是 Character charValue=new Character('x'); 这种形式。

2）使用包装类的 valueOf() 方法

包装类中一般包含静态的重载的 valueOf() 方法，它也可以接收基本数据类型数据和字符串作为参数并返回包装类的对象。以 Integer 包装类为例，valueOf() 方法的定义如表 2-2 所示。

例如，创建一个 Integer 类型的包装类对象，代码可以这样写：

Integer intValue=Integer.valueOf("21");

表 2-2　Integer 包装类的 valueOf() 方法

方法	说明
Integer valueOf(int i)	返回一个表示指定的 int 值的 Integer 对象
Integer valueOf(String s)	返回保存指定的 String 值的 Integer 对象
Integer valueOf(String s, int radix)	返回一个 Integer 对象，该对象中保存了用第二个参数提供的基数（二进制、十进制等）进行解析时从指定的 String 中提取的值

> **注意：**
> Character 类的 valueOf() 方法只有一个版本的定义，即 valueOf(char c)，它返回一个表示指定 char 值的 Character 对象。

（2）包装类转换成基本数据类型

包装类转换成基本数据类型通常采用如下的方法：public type typeValue(); 其中，type 指的是基本数据类型，如 byteValue()、charValue() 等，相应的返回值则为 byte、char。

具体用法如以下代码所示：

Integer integerId=new Integer(25);
int intId=integerId.intValue();
Boolean bl=Boolean.valueOf(true);
boolean bool=bl.booleanValue();

（3）基本类型和包装类的自动转换

在 Java SE 5.0 版本之后程序员不需要编码实现基本数据类型和包装类之间的转换，编译器会自动完成。

例如：

Integer intObject=5;   // 基本数据类型转换成包装类
int intValue=intObject;   // 包装类转换成基本数据类型

> **注意：**
>
> 虽然 Java 平台提供了基本数据类型和包装类的自动转换功能，程序员在程序中也不能只使用对象，而抛弃了基本数据类型。
>
> 例如以下代码：
>
> Double a,b,c;
> a=3;
> b=4;
> c=Math.sqrt(a*a+b*b);
>
> 以上代码在语法上没有任何错误，使用 Double 对象计算直角三角形的斜边长，但它的性能存在问题，基本数据类型和包装类对象间的相互转换工作增加了系统的额外负担，如果使用基本数据类型则不会。
>
> 大家要记住包装类对象只有在基本数据类型需要用对象表示时才使用，包装类并不是用来取代基本数据类型的。

2.1.4　使用 Math 类实现幸运抽奖

java.lang.Math 类提供了一些基本数学运算和几何运算的方法。此类中的所有方法都是静态的。这个类是 final 类，因此没有子类，Math 类常见方法如下：

- static double abs(double a)：返回 double 值的绝对值。例如，Math.abs(-3.5); 返回 3.5。

- static double max(double a, double b)：返回两个 double 值中较大的一个。例如，Math.max(2.5, 90.5); 返回 90.5。

➢ static double random()：返回一个随机的 double 值，该值大于等于 0.0 且小于 1.0。

更多的方法请查看 Java API。

下面通过示例 3 学习 Math 类的用法。

示例 3

商场的抽奖规则如下：会员号的百位数字等于产生的随机数字即为幸运会员。请编程实现：

（1）从键盘接收会员号。

（2）生成随机数。

输出结果如图 2.2 和图 2.3 所示。

图 2.2　幸运会员输出结果 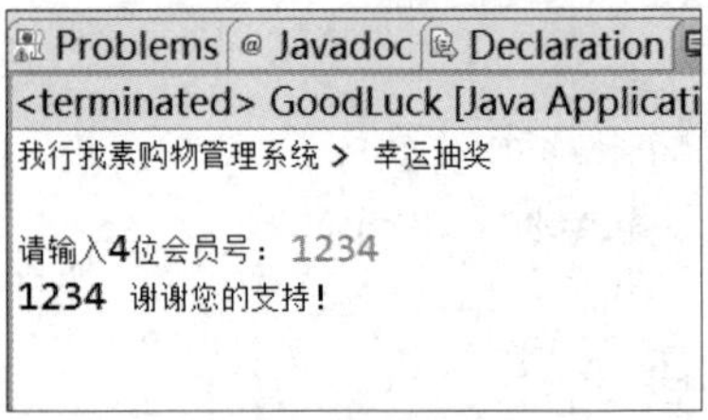　　　　图 2.3　非幸运会员输出结果

分析：

产生随机数（0～9 中任意整数）的方法：

int random=(int)(Math.random()*10);

关键代码：

```
public class GoodLuck{
    public static void main(String[] args){
        // 产生随机数
        int random=(int) (Math.random()*10);
        // 从控制台接收一个 4 位会员号
        System.out.println(" 我行我素购物管理系统 > 幸运抽奖 \n");
        System.out.print(" 请输入 4 位会员号： ");
        Scanner input=new Scanner(System.in);
        int custNo=input.nextInt();
        // 分解获得百位
        int baiwei=custNo/100%10;
        // 判断是否是幸运会员
        if(baiwei==random){
            System.out.println(custNo+" 是幸运客户，获精美 MP3 一个。");
        } else{
            System.out.println(custNo+" 谢谢您的支持！ ");
        }
    }
}
```

至此，任务 1 已经全部完成。

任务 2　在 Java 中操作字符串

关键步骤如下：
- 判断字符串长度。
- 比较字符串。
- 字符串大小写转换。
- 连接字符串。
- 获取子字符串。
- 获取字符位置索引。
- StringBuffer 类及 StringBuilder 类的用法。

2.2.1　使用 String 类操作字符串

1. String 类概述

在 Java 中，字符串被作为 String 类型的对象来处理。String 类位于 java.lang 包中，默认情况下，该包被自动导入所有的程序。创建 String 对象的方法如以下代码所示。

String s="Hello World";

或者

String s=new String("Hello World");

String 类提供了许多有用的方法，例如，获得字符串的长度、对两个字符串进行比较、连接两个字符串以及提取一个字符串中的某一部分等。可以使用 String 类提供的方法来完成对字符串的操作。

2. String 类常用方法

（1）求字符串长度 length()

调用 length() 方法的语法格式如下：

字符串 .length();

length() 方法返回字符串的长度。

⊃ 示例 4

注册新用户，要求密码长度不能小于 6 位。
关键代码：

```
public class Register {
    public static void main(String[] args) {
        Scanner input=new Scanner(System.in);
        String uname,pwd;
```

```
        System.out.print("请输入用户名：");
        uname=input.next();
        System.out.print("请输入密码：");
        pwd=input.next();
        if(pwd.length()>=6){
          System.out.print("注册成功！");
        }else{
          System.out.print("密码长度不能小于6位！");
        }
      }
    }
```
输出结果如图2.4所示。

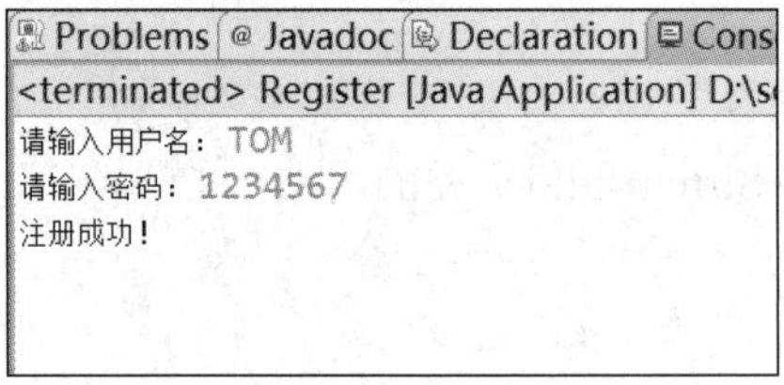

```
Problems @ Javadoc Declaration Cons
<terminated> Register [Java Application] D:\s
请输入用户名：TOM
请输入密码：1234567
注册成功！
```

图2.4　判断密码长度

（2）字符串比较

字符串比较的语法格式如下：

字符串1.equals(字符串2);

比较两个字符串的值是否相同，返回值为boolean类型，如果相同，则返回真值，否则返回假值。

○ 示例5

注册成功后，实现登录验证。用户名为"TOM"，密码为"1234567"。

分析：

在使用equals()方法比较两个字符串时，它逐个字符比较组成两个字符串的每个字符是否相同。如果都相同，则返回真值，否则返回假值。对于字符的大小写，也在检查范围之内。

关键代码：

```
public class Login {
  public static void main(String[] args) {
    Scanner input=new Scanner(System.in);
    String uname,pwd;
    System.out.print("请输入用户名：");
    uname=input.next();
    System.out.print("请输入密码：");
    pwd=input.next();
    if(uname.equals("TOM") && pwd.equals("1234567")){
      System.out.print("登录成功！");
```

```
        }else{
            System.out.print(" 用户名或密码不匹配，登录失败！ ");
        }
    }
}
```
输出结果如图 2.5 所示。

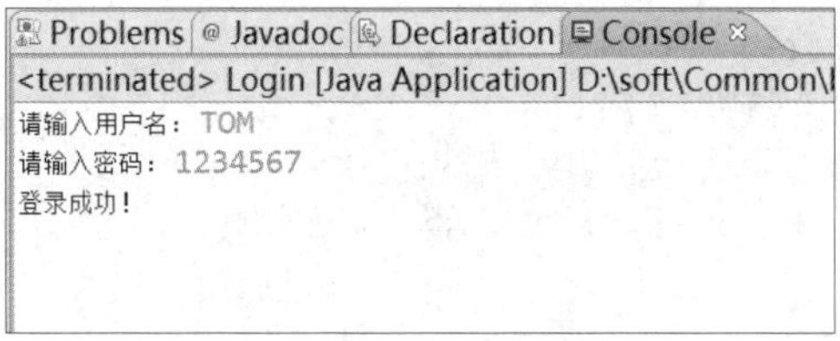

图 2.5　判断用户名和密码

在 Java 中，双等号（==）和 equals() 方法应用于两个字符串比较时，所比较的内容是有差别的。"=="比较的是两个字符串对象在内存中的地址，就是判断是否是同一个字符串对象，而 equals() 比较的是两个字符串对象的值。

在使用 equals() 方法比较两个字符串时，对于字符的大小写，也在检查范围之内。例如"Java"和"java"都是指 Java 课程，使用 equals() 方法比较会认为它们不是同一门课，因此，需要使用另一个方法即 equalsIgnoreCase() 方法。这个方法在比较字符串时忽略字符的大小写。

忽略大小写的字符串比较的语法格式如下：
字符串 1. equalsIgnoreCase(字符串 2);
忽略大小写比较字符串 1 和字符串 2，如果相同，则返回真值，否则返回假值。

➲ 示例 6

系统规定，登录时不考虑用户名的大小写问题，实现登录。

分析：

修改示例 5，使用 equalsIgnoreCase() 方法即可实现。

关键代码：
```
public class Login {
public static void main(String[] args) {
    // 省略部分代码
    if(uname.equalsIgnoreCase("TOM")
        && pwd.equalsIgnoreCase("1234567")){
        System.out.print(" 登录成功！ ");
    }else{
        System.out.print(" 用户名或密码不匹配，登录失败！ ");
    }
  }
}
```
输出结果和示例 5 相同，如图 2.5 所示。

在 Java 中，String 类提供了如下两个方法改变字符串中字符的大小写：
- ➤ toLowerCase()：转换字符串中的英文字符为小写。
- ➤ toUpperCase()：转换字符串中的英文字符为大写。

修改示例 6，代码如下，同样可以实现登录时忽略大小写。

关键代码：

```
if(uname.toLowerCase().equals(("TOM").toLowerCase())
&&pwd.toUpperCase().equals(("1234567").toUpperCase())){
    System.out.print(" 登录成功！ ");
}else{
    System.out.print(" 用户名或密码不匹配，登录失败！ ");
}
```

（3）字符串的连接

字符串连接的语法格式如下：

字符串 1.concat(字符串 2);

字符串 2 被拼接到字符串 1 的后面，返回拼接后的新字符串。

⊃ 示例 7

字符串连接。

关键代码：

```
String s=new String(" 你好， ");
String name=new String(" 张三！ ");
String sentence=s.concat(name);
System.out.println(sentence);
```

程序执行后字符串 sentence 的内容便是"你好，张三！"，s 和 name 的值依然为"你好，""张三！"。连接字符串还经常使用"+"运算符，如下面的代码所示：

```
String name=" 张三 ";
String sayHi=name+"，你好 "
```

则 sayHi 的值为"张三，你好"。所以，连接字符串的方法有两种：使用"+"运算符或使用 String 类的 concat() 方法。

（4）字符串提取和查询

下面通过示例 8 学习字符串提取和查询方法的使用。

⊃ 示例 8

学生使用作业提交系统提交 Java 作业时，输入 Java 源文件名，并输入自己的电子邮箱，提交前系统检查：是否是合法的 Java 文件名；电子邮箱是否为合法电子邮箱。编写代码，实现提交前验证功能。输出结果如图 2.6 所示。

分析：

判断 Java 的文件名是否合法，关键要判断它是不是以".java"结尾；判断电子邮箱是否合法，至少要检查电子邮箱名中是否包含"@"和"."字符，并检查"@"是否在"."之前。要解决这些问题就要使用 String 类提供的提取和搜索字符串的方法。如表 2-3 列出了 String 类提供的一些常用的提取和搜索字符串的方法。

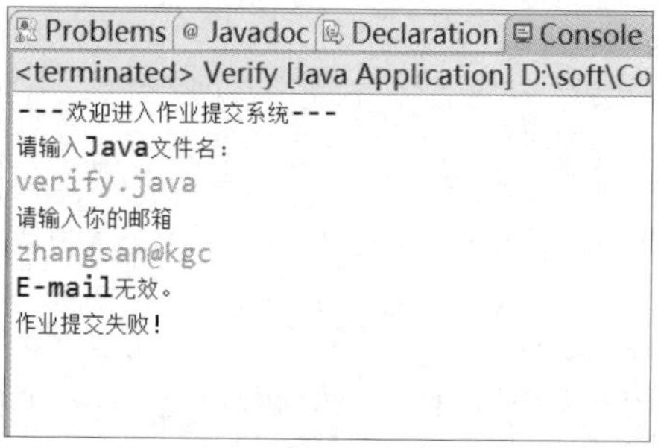

图 2.6 验证文件名和电子邮箱成功

表 2-3 常用的提取和搜索字符串的方法

方 法	说 明
public int indexOf(int ch)	搜索并返回第一个出现字符 ch（或字符串 value）的位置
Public int indexOf(String value)	
public int lastIndexOf(int ch)	搜索并返回最后一个出现字符 ch（或字符串 value）的位置
public int lastIndexOf(String value)	
public String substring(int index)	提取从指定索引位置开始的部分字符串
public String substring(int beginindex, int endindex)	提取 beginindex 和 endindex 之间的字符串
public String trim()	截取字符串前后的空格后返回新的字符串

字符串是一个字符序列，每一个字符都有自己的位置，字符串事实上也是一个字符数组，因此它的索引位置从 0 开始到（字符串长度 -1）结束。如图 2.7 所示，这是一个字符串"青春无悔"，其中，"青""春""无""悔"的索引下标依次为 0、1、2、3。

图 2.7 字符串中的字符索引

在表 2-3 中，前面 4 个方法的作用是执行搜索操作并返回位置索引，后面 3 个方法用于提取字符串。

要想在程序中处理好字符串，关键是将这些方法巧妙地结合起来，灵活运用。以下是示例 8 的实现代码。

关键代码：

```
public class Verify{
    public static void main(String[] args) {
        boolean fileCorrect=false;           // 标志文件名是否正确
        boolean emailCorrect=false;          // 标志 E-mail 是否正确
        System.out.println("--- 欢迎进入作业提交系统 ---");
```

```
        Scanner input=new Scanner(System.in);
        System.out.println(" 请输入 Java 文件名： ");
        String fileName=input.next();
        System.out.println(" 请输入你的邮箱 ");
        String email=input.next();
        // 检查 Java 文件名
        int index=fileName.lastIndexOf(".");            // "." 的位置
        if(index!=-1&&index!=0&&fileName.substring(index+1,fileName.length())
.equals("java")){
            fileCorrect=true;                            // 标志文件名正确
        }else{
            System.out.println(" 文件名无效。");
        }
        // 检查你的电子邮箱格式
        if(email.indexOf('@')!=-1&&email.indexOf('.')>email.indexOf('@')){
            emailCorrect=true;                           // 标志 E-mail 正确
        }else{
            System.out.println("E-mail 无效。");
        }
        // 输出检测结果
        if(fileCorrect&&emailCorrect){
            System.out.println(" 作业提交成功！ ");
        }else{
            System.out.println(" 作业提交失败！ ");
        }
      }
   }
}
```

判断 Java 文件名是否有效时，使用的判断条件如下：

index!=-1&&index!=0&&fileName.substring(index+1,fileName.length()).equals("java");

index 是点号"."在字符串中的位置，条件"index!=-1&&index!=0"是指字符串中包含点号并且点号不是在首位。除此之外，通过 substring()方法获得点号后的字符串，然后判断是否是"java"，只有 3 个条件全部满足，才是合法的文件名。在判断电子邮箱名时，检查是否包含"@"，是否包含"."，并且检查"@"是否在"."的前面。

（5）字符串拆分

字符串拆分的语法格式如下：

字符串名 .split(separator,limit);

 ➢ separator 是可选项，表示根据匹配指定的正则表达式来拆分此字符串。如果匹配不上，则结果数组只有一个元素，即此字符串。

 ➢ limit 可选项，该值用来限制返回数组中的元素个数。

◐ 示例 9

有一段歌词，每句都以空格结尾，请将歌词按句拆分后按行输出。输出结果如图 2.8 所示。

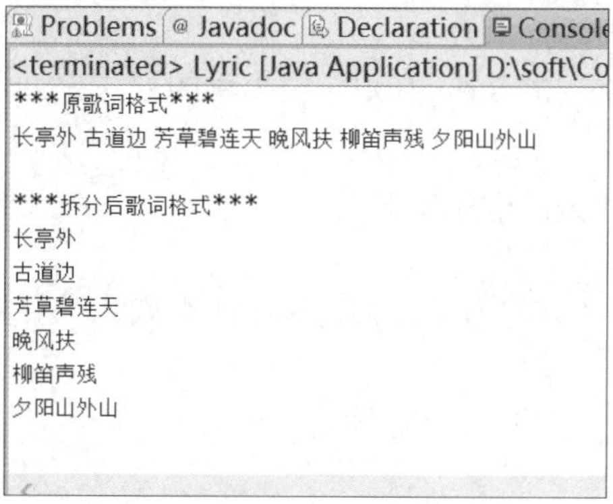

图 2.8　拆分歌词

分析：

实现这个需求，只要将每句歌词按照空格拆分即可。此时就可以使用 split() 方法实现这个需求。

关键代码：

```
public class Lyric {
    public static void main(String[] args) {
        String words=" 长亭外 古道边 芳草碧连天 晚风扶 柳笛声残 夕阳山外山 ";
        String[] printword=new String[100];                // 定义接收数组
        System.out.println("*** 原歌词格式 ***\n"+words);
        System.out.println("\n*** 拆分后歌词格式 ***");
        printword=words.split(" ");                        // 按照空格进行拆分
        for(int i=0;i<printword.length;i++){
            System.out.println(printword[i]);              // 打印输出
        }
    }
}
```

2.2.2　StringBuffer 类和 StringBuilder 类

1. 使用 StringBuffer 类处理字符串

除了使用 String 类存储字符串之外，还可以使用 StringBuffer 类来存储字符串。StringBuffer 类也是 Java 提供的用于处理字符串的一个类，而且它是比 String 类更高效地存储字符串的一种引用数据类型。特别是对字符串进行连接操作时，使用 StringBuffer 类可以大大提高程序的执行效率。

（1）如何使用 StringBuffer 类

StringBuffer 类位于 java.util 包中，是 String 类的增强类。StringBuffer 类提供了很多方法可供使用。

声明 StringBuffer 对象并初始化的方法如下代码所示：

StringBuffer sb2=new StringBuffer(" 青春无悔 ");

（2）常用的 StringBuffer 类方法

下面介绍几个比较常用的 StringBuffer 类提供的方法。

1）toString() 方法

转化为 String 类型的语法格式如下：

字符串 1.toString();

将 StringBuffer 类型的字符串 1 转换为 String 类型的对象并返回。

例如：

String s1=sb2.toString();   // 转换为 String 类

2）append() 方法

追加字符串的语法格式如下：

字符串 .append(参数);

将参数连接到字符串后并返回。

该方法和 String 类的 concat() 方法一样，都是把一个字符串追加到另一个字符串后面，所不同的是 String 类中只能将 String 类型的字符串追加到一个字符串后，而 StringBuffer 类可以将任何类型的值追加到字符串之后。

⊃ 示例 10

使用 StringBuffer 类实现字符串追加。

关键代码：

```java
public class SbAppend {
    public static void main(String[] args) {
        StringBuffer sb=new StringBuffer(" 青春无悔 ");
        int num=110;
        // 在字符串后面追加字符串
        StringBuffer sb1=sb.append(" 我心永恒 ");
        System.out.println(sb1);
        // 在字符串后面追加字符
        StringBuffer sb2=sb1.append(' 啊 ');
        System.out.println(sb2);
        // 在字符串后面追加整型数字
        StringBuffer sb3=sb2.append(num);
        System.out.println(sb3);
    }
}
```

输出结果如图 2.9 所示。

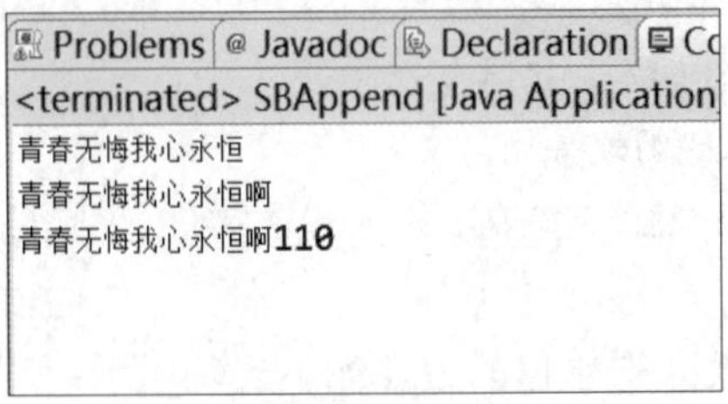

图 2.9　追加字符串

3）insert() 方法

插入字符串的语法格式如下：

字符串 .insert(位置 , 参数);

将参数插入到字符串指定位置后并返回。参数值可以是包括 String 的任何类型。

➡ 示例 11

编写一个方法，实现将一个数字字符串转换成以逗号分隔的数字串，即从右边开始每三个数字用逗号分隔。输出结果如图 2.10 所示。

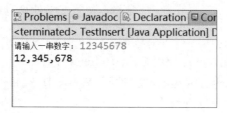

图 2.10　插入字符串

分析：

利用 StringBuffer 类的 length() 方法，获取数字串的长度，使用 for 循环从后向前每隔三位插入逗号。

关键代码：

```java
public class TestInsert {
    public static void main(String[] args) {
        Scanner input=new Scanner(System.in);
        // 接收数字串，存放于 StringBuffer 类型的对象中
        System.out.print(" 请输入一串数字：  ");
        String nums=input.next();
        StringBuffer str=new StringBuffer(nums);
        // 从后往前每隔三位添加逗号
        for(int i=str.length()-3;i>0;i=i-3){
            str.insert(i,',');
        }
        System.out.print(str);
    }
}
```

2. 使用 StringBuilder 类处理字符串

java.lang.StringBuilder 是 JDK 5.0 版本新增的类，它是一个可变的字符序列。此类提供一个与 StringBuffer 兼容的 API，被设计用作 StringBuffer 的一个简易替换，在大多数实现中，它比 StringBuffer 执行要快。使用 StringBuilder 类处理字符串的方法与 StringBuffer 类基本一样，这里不再举例。

3. String 类、StringBuffer 类及 StringBuilder 类对比

String、StringBuffer 和 StringBuilder 这 3 个类在处理字符串时有各自的特点和适用场合，具体如下。

（1）String：字符串常量

String 是不可变的对象，在每次对 String 类型进行改变时其实都等同于生成了一个新的 String 对象，然后指向新的 String 对象，所以经常改变内容的字符串最好不要用 String 类型，因为每次生成对象都会对系统性能产生影响。

（2）StringBuffer：字符串变量

StringBuffer 是可变的字符串，在每次对 StringBuffer 对象进行改变时，会对 StringBuffer 对象本身进行操作，而不是生成新的对象，再改变对象引用。所以，在字符串对象经常改变的情况下推荐使用 StringBuffer 类。

字符串连接操作中，StringBuffer 类的执行效率要比 String 类高，例如：

String str=new String("welcome to");
str+="here";

以上这两句代码是使用 String 类型来操作字符串，但其处理步骤实际上是通过建立一个 StringBuffer 对象，让它调用 append() 方法，最后再转化成 String，这样的话，String 的连接操作比 StringBuffer 多出了一些附加操作，当然效率要低。并且由于 String 对象的不可变性也会影响性能。

（3）StringBuilder：字符串变量

JDK 5.0 版本以后提供了 StringBuilder 类，它和 StringBuffer 类等价，区别在于 StringBuffer 类是线程安全的，StringBuilder 类是单线程的，不提供同步，理论上效率更高。关于线程相关的知识本书第 4 章会介绍。

至此，任务 2 已经全部完成。String 类方法比较多，需要多做练习，灵活运用，同时要理解 StringBuffer 类及 StringBuilder 类与 String 类的不同之处。

任务 3　使用 java.util 包中的常用类

关键步骤如下：
- ➢ 使用 Date 类和 Calendar 类操作日期时间。
- ➢ 使用 SimpleDateFormat 类格式化时间。
- ➢ 使用 Random 类生成随机函数。

2.3.1　日期时间类

java.util 包也是 Java 内置的一个工具包，它包含了集合框架、日期和时间、随机函数生成器等各种实用工具类。java.util 包不会默认导入，如果要使用该包中的类，则

必须在程序的开始部分进行手工导入。

下面介绍 java.util 包中几个常见的类。

java.util 包中提供的和日期时间相关的类有：Date 类、Calendar 类和 SimpleDateFormat 类等。

Date 类对象用来表示日期和时间，该类提供了一系列操作日期和时间各组成部分的方法。Date 类中使用最多的是获取系统当前的日期和时间，如 Date date=new Date();这句代码是使用系统当前时间创建日期对象。

Calendar 类也是用来操作日期和时间的类，它可以看作是 Date 类的一个增强版。Calendar 类提供了一组方法，允许把一个以毫秒为单位的时间转换成年、月、日、小时、分、秒。可以把 Calendar 类当作是万年历，默认显示的是当前的时间，当然也可以查看其他时间。

Calendar 类是抽象类，可以通过静态方法 getInstance() 获得 Calender 的对象，其实这个获得的对象是它的子类的对象。

Calendar 类提供一些方法和静态字段来操作日历，例如：

- ➢ int get(int field)：返回给定日历字段的值。
- ➢ YEAR：指示年。
- ➢ MONTH：指示月。
- ➢ DAY_OF_MONTH：指示一个月中的某天。
- ➢ DAY_OF_WEEK：指示一个星期中的某天。

另外常用的还有格式化日期时间的类——DateFormat 类，它在 java.text 包下，是一个抽象类，提供了多种格式化和解析时间的方法。格式化是指将日期转换成文本，解析是指将文本转换成日期格式。使用比较多的是它的子类 SimpleDateFormat，SimpleDateFormat 类是一个以与语言环境有关的方式来格式化和解析日期的具体类，如"yyyy-MM-dd HH:mm:ss"就是指定的一种日期和时间格式。

下面通过示例来学习这几个类的用法。

➲ 示例 12

获取当前系统时间，并使用 SimpleDateFormat 类格式化时间。

关键代码：

```
import java.text.SimpleDateFormat;
import java.util.Date;
public class Test {
    public static void main(String[] args) {
        Date date=new Date();
        SimpleDateFormat formater=new SimpleDateFormat("yyyy-MM-dd HH:mm:ss");
        System.out.println(" 当前时间为："+formater.format(date));
    }
}
```

输出结果如图 2.11 所示。

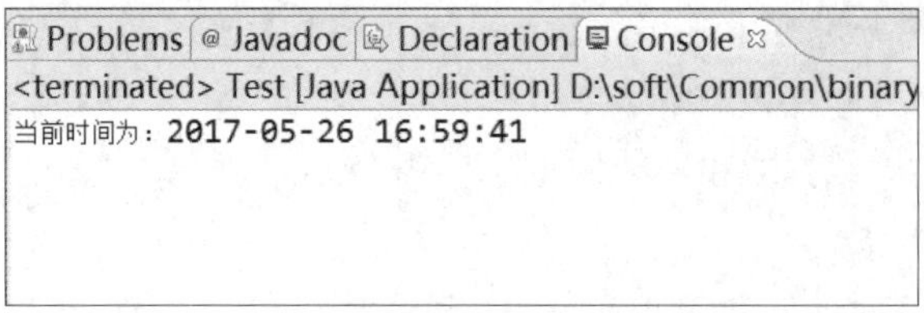

```
当前时间为：2017-05-26 16:59:41
```

图 2.11　输出当前日期时间

在示例 12 中，Date date=new Date(); 获取 Date 对象，并初始化为当前时间，SimpleDateFormat 类负责把当前日期时间格式化为 "yyyy-MM-dd HH:mm:ss" 这样的形式。

➲ 示例 13

使用 Calendar 获取日期及星期。

关键代码：

```java
import java.util.Calendar;
public class Test5 {
    public static void main(String[] args) {
        Calendar t=Calendar.getInstance();
        System.out.println(" 今天是 "+t.get(Calendar.YEAR)+" 年 "
            +(t.get(Calendar.MONTH)+1)+" 月 "+t.get(Calendar.DAY_OF_MONTH)+" 日 ");
        System.out.println(" 今天是星期 "+(t.get(Calendar.DAY_OF_WEEK)-1));
    }
}
```

输出结果如图 2.12 所示。

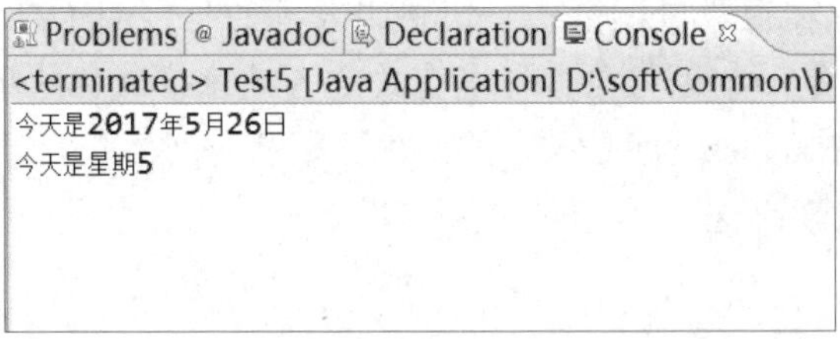

```
今天是2017年5月26日
今天是星期5
```

图 2.12　输出日期及星期

在 JDK 1.1 之前，Date 类允许把日期解释为年、月、日、小时、分钟和秒值。它也允许格式化和解析日期字符串。不过，这些函数的 API 不易于实现国际化。从 JDK 1.1 开始，使用 Calendar 类实现日期和时间字段之间的转换，使用 DateFormat 类来格式化和解析日期字符串。

2.3.2　Random 类

Random 类用于生成随机数。每当需要以任意或非系统方式生成数字时，可使用此类。之前学习过 Math 类的 random() 方法也可以产生随机数，其实 Math 类的

random() 方法底层就是使用 Random 类实现的。例如，本章示例 3 也可以使用 Random 类来实现，具体代码比较简单，大家可以参照示例 14 中 Random 类的用法自己修改示例 3。

Random 类的构造方法有两种重载方式，如表 2-4 所示。

表 2-4　Random 类的构造方法

构造方法	说　明
Random()	创建一个新的随机数生成器
Random(long seed)	使用单个 long 种子创建一个新的随机数生成器

Random 类中还定义了很多方法用于获取随机数，最常用的是 nextInt() 方法，它返回下一个伪随机数，返回值类型是整型。

返回下一个伪随机数的语法格式如下：

int nextInt();

int nextInt(int n);

- 前者返回下一个伪随机数，它是此随机数生成器的序列中均匀分布的 int 值。
- 后者返回下一个伪随机数，它是取自此随机数生成器序列的、在 0（包括）和指定值 n（不包括 n）之间均匀分布的 int 值。

示例 14

随机生成 20 个 10 以内大于或等于 0 的整数，并将其显示出来。输出结果如图 2.13 所示。

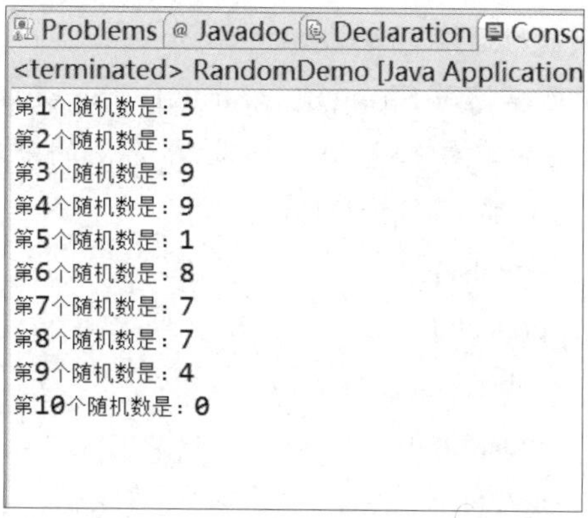

图 2.13　输出随机数

关键代码：

```
import java.util.Random;
public class RandomDemo {
    public static void main(String[] args) {
        // 创建一个 Random 对象
        Random rand=new Random();
```

```
    // 随机生成 20 个随机整数,并显示
    for(int i=0;i<20;i++){
      int num=rand.nextInt(10);
      System.out.println(" 第 "+(i+1)+" 个随机数是:"+num);
    }
  }
}
```

> **注意:**
> 　　如果用同样一个种子值来初始化两个 Random 对象,然后用每个对象调用相同的方法,那么得到的随机数也是相同的。

　　Random 类还定义了得到长整型、boolean 型、浮点型等伪随机数的方法。具体用法可以在使用时查看 Java API。

　　至此,任务 3 已经全部完成,同学们可以总结一下,在学习过程中有哪些问题,请记录下来,及时解决。

本章总结

本章学习了以下知识点:
- 枚举可以使代码更易于维护,有助于确保为变量赋予合法的、期望的值。
- 包装类均位于 java.lang 包中,每个基本数据类型都对应着一个包装类。
- java.lang.Math 类提供了常用的数学运算方法。
- 定义一个字符串可以使用 String 类、StringBuffer 类和 StringBuilder 类。
- String 类提供了大量的操作字符串的方法,常用的方法有:
  - 获得字符串的长度:length()。
  - 比较字符串:equals()。
  - 连接字符串:concat()。
  - 提取字符串:substring()。
  - 搜索字符串:indexOf()。
  - 拆分字符串:split()。
- StringBuffer 类提供的操作字符串的常用方法有:
  - 转换成 String 类型:toString()。
  - 连接字符串:append()。
  - 插入字符串:insert()。
- Java 编程中经常用到一些工具类,如 Date 类、Calendar 类、Random 类等,了解和掌握这些工具类的使用,可为实际应用开发提供方便。

本章练习

1. 从控制台输入字符串，字符串的长度必须是 6，如果输入的字符串长度不等于 6 则重新输入。输出结果如图 2.14 所示。

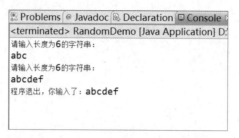

图 2.14　验证输入的字符串长度

2. 对录入的信息进行有效性验证。

录入会员生日时，形式必须是"月/日"，如"09/12"；录入的密码必须在 6～10 位之间；允许用户重复录入，直到输入正确为止。输出结果如图 2.15 所示。

3. 创建会员账号，会员编号为随机生成的 4 位数字，创建成功后显示创建的会员信息。输出结果如图 2.16 所示。

图 2.15　验证录入信息

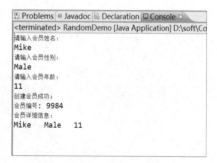

图 2.16　创建会员账号

随手笔记

第3章

输入/输出和反射

▶ 本章重点

※ 使用字节流读写文件
※ 使用字符流读写文件
※ 对象的序列化和反序列化

▶ 本章目标

※ 掌握序列化和反序列化的应用
※ 掌握反射的原理

本章任务

学习本章，需要完成以下 3 个工作任务。请记录学习过程中所遇到的问题，可以通过自己的努力或访问 kgc.cn 解决。

任务 1：使用 I/O 操作文件

Java 程序访问外部数据，需要实现对数据的传送，可以借助 Java 的输入/输出处理来完成数据的传送。在 Java 的类库中，I/O 部分的内容非常庞大，从标准输入/输出到网络上的数据流，从文件操作到对象流，提供了几乎所有涉及输入/输出所用到的类库支持。本任务学习输入/输出常用的类，主要实现使用 I/O 对文件的读写操作。

任务 2：在 Java 中读写对象信息

在 Java 编程中，有时会对 Java 中的对象进行输入/输出操作，Java 中提供了序列化和反序列化技术，实现对 Java 对象的 I/O 操作，这使得代码更优化，操作更简单。通过本任务，学习使用序列化及反序列化实现对象的输入/输出操作。

任务 3：在 Java 中使用反射机制

反射机制是 Java 中的一项技术，是如今很多流行框架的实现基础。在本任务中，学习 Java 中反射的用法，如通过反射查看类的信息、创建对象等。

任务 1　使用 I/O 操作文件

关键步骤如下：
- 使用 File 类操作文件或目录属性。
- 使用 FileInputStream 类读文本文件。
- 使用 FileOutputStream 类写文本文件。
- 使用 BufferedReader 类和 FileReader 类读文本文件。
- 使用 BufferedWriter 类和 FileWriter 类写文本文件。
- 使用 DataInputStream 类读二进制文件。
- 使用 DataOutputStream 类写二进制文件。
- 重定向标准 I/O。

3.1.1　使用 File 类操作文件或目录属性

在计算机中，通常使用各种各样的文件来保存数据，如何在 Java 程序中操作这些文件呢？java.io 包提供了一些接口和类，对文件进行基本的操作，包括对文件和目录属性的操作、对文件读写的操作等。首先学习如何使用 File 类操作文件或目录。

File 对象既可表示文件,也可表示目录,在程序中一个 File 对象可以代表一个文件或目录。利用它可用来对文件或目录进行基本操作。它可以查出与文件相关的信息,如名称、最后修改日期、文件大小等。

File 类的构造方法如表 3-1 所示。

表 3-1 File 类的构造方法

方 法	说 明
File(String pathname)	用指定的文件路径构造文件
File(String dir, String subpath)	在指定的目录下创建指定文件名的文件 dir 参数指定目录路径,subpath 参数指定文件名
File(File parent, String subpath)	根据一个文件对象和一个字文件构造文件对象 parent 参数指定目录文件,subpath 参数指定文件名

File 类的常用方法如表 3-2 所示。

表 3-2 File 类的常用方法

方 法	说 明
boolean exists()	测试文件是否存在
String getAbsolutePath()	返回此对象表示的文件的绝对路径名
String getName()	返回此对象表示的文件的名称
String getParent()	返回此 File 对象的路径名的上一级,如果路径名没有上一级,则返回 null
boolean delete()	删除此对象指定的文件
boolean createNewFile()	创建空文件,不创建文件夹
boolean isDirectory()	测试此 File 对象表示的是否是目录
boolean mkdir()	创建一个目录,它的路径名由当前 File 对象指定
boolean mkdirs()	创建包括父目录的目录

使用 File 类操作文件和目录属性的步骤一般如下。

(1)引入 File 类。

import java.io.File;

(2)构造一个文件对象。

File file=new File("text.txt");

(3)利用 File 类的方法访问文件或目录的属性,具体使用如下。

```
file.exists();         // 判断文件或目录是否存在
file.isFile();         // 判断是否是文件
file.isDirectory();    // 判断是否是目录
file.getName();        // 获取文件或目录的名称
file.getPath();        // 获取文件或目录的路径
```

```
file.getAbsolutePath();        // 获取文件或目录的绝对路径
file.lastModified();           // 获取文件或目录的最后修改日期
file.length();                 // 获取文件或目录的大小，单位为字节
```

> **注意：**
> File 类有许多方法，对于这些方法不需要死记硬背，编程时若用到相关的方法，查看 API 即可。

示例 1

使用 File 类创建和删除文件。

实现步骤：

1）引入 File 类。

2）构造一个文件对象。

3）调用 File 类的方法创建和删除文件。

关键代码：

```java
public class FileMethods {
    public static void main(String[] args) throws IOException {
        // 创建和删除文件
        FileMethods fm=new FileMethods();
        File f=new File("C:\\myDoc\\test.txt");
        fm.create(f);
        fm.delete(f);
    }
    // 创建文件的方法
    public void create(File file) throws IOException{
        if(!file.exists()){
            file.createNewFile();
        }
    }
    // 删除文件的方法
    public void delete(File file) throws IOException {
        if(file.exists()){
            file.delete();
        }
    }
}
```

> **注意：**
> ① 写文件名时要注意后缀，如 test.doc、test.java 及 test.txt 是 3 个不同的文件。
> ② 构造 File 类对象时，是否会区分文件或目录名称的大小写？请读者自行测试。

3.1.2 Java 的流

前面讲述了如何利用 java.io 包的 File 类对文件或目录的属性进行操作，但 File 类不能访问文件的内容，即不能从文件中读取数据或往文件里写数据，下面介绍文件的读写操作。

读文件是指把文件中的数据读取到内存中。反之，写文件是把内存中的数据写到文件中。那通过什么读写文件呢？答案就是流。

流，是指一连串流动的字符，是以先进先出的方式发送和接收数据的通道，如图 3.1 所示。

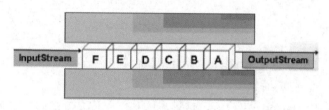

图 3.1 流

流分为输入流和输出流，如图 3.2 所示。输入/输出流是相对于计算机内存来说的，如果数据输入到内存，则称为输入流，如果从内存中输出则称为输出流。Java 的输出流主要由 OutputStream 和 Write 作为基类，而输入流则主要由 InputStream 和 Reader 作为基类。

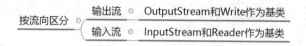

图 3.2 输入/输出流

在 java.io 包中，封装了许多输入/输出流的 API。在程序中，这些输入/输出流类的对象称为流对象。可以通过这些流对象将内存中的数据以流的方式写入文件，也可通过流对象将文件中的数据以流的方式读取到内存。

构造流对象时往往会和数据源（如文件）联系起来。数据源分为源数据源和目标数据源。输入流关联的是源数据源，如图 3.3 所示；输出流关联的则是目标数据源，如图 3.4 所示。

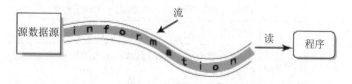

图 3.3 流与源数据源和程序之间的关系

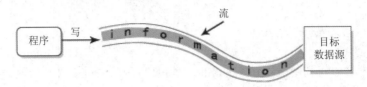

图 3.4 流与目标数据源和程序之间的关系

输入/输出流又分为字节流和字符流两种形式,如图 3.5 所示。

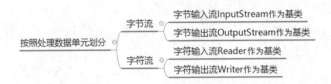

图 3.5 字节流与字符流

字节流是 8 位通用字节流,其基本单位是字节。字节流的基类是 InputStream 类和 OutputStream 类,它们是抽象类。

字符流是 16 位 Unicode 字符流,这种流的基本单位是 Unicode 字符。这些流最适合用来处理字符串和文本,因为它们支持国际上大多数的字符集和语言。字符流的基类是 Reader 类和 Writer 类,它们也是抽象类。

一个被访问的流的基本特征都是通过实现这 4 个抽象类的方法来建立的。这些类的常用方法分别如表 3-3～表 3-6 所示。

表 3-3 InputStream 类的常用方法

方 法	说 明
int read()	从输入流中读取下一个字节数据
int read(byte[] b)	从输入流中读取数据,并将数据存储在缓冲区数组 b 中,返回实际读取的字节数
int read(byte[] b,int off,int len)	从输入流中读取最多 len 长度的字节,保存到字节数组 b 中,保存的位置从 off 开始
void close()	关闭输入流

InputStream 的常用子类有 FileInputStream,用于从文件中读取数据。

表 3-4 OutputStream 类的常用方法

方 法	说 明
void write(int c)	将指定的字节数据写入此输出流中
void write(byte[] buf)	将数组 buf 中的所有字节写入此输出流中
void write(byte[] b,int off,int len)	将字节数组中从偏移量 off 开始的长度为 len 的字节数据输出到输出流中
void close()	关闭输出流

OutputStream 类的常用子类为 FileOutputStream，用于向文件写数据。

表 3-5　Reader 类的常用方法

方　　法	说　　明
int read()	从输入流中读取单个字符，返回所读取的字符数据
int read(byte[] c)	从输入流中最多读取 c.length 个字符，保存到字符数组 c 中，返回实际读取的字符数
int read(char[] c,int off,int len)	从输入流中读取最多 len 个字符，保存到字符数组 c 中，保存的位置从 off 位置开始，返回实际读取的字符数
void close()	关闭流

Reader 类的常用子类为 BufferedReader，接受 Reader 对象作为参数，并对其添加字符缓冲器。

表 3-6　Writer 类的常用方法

方　　法	说　　明
void write(String str)	将 str 字符串里包含的字符输出到指定的输出流中
void write(String str,int off,int len)	将 str 字符串里从 off 位置开始，长度为 len 的多个字符输出到输出流中
void close()	关闭输出流
void flush()	刷新输出流

Writer 类的常用子类有 BufferedWriter，用于将数据缓冲到字符输出流。

> **注意：**
> ① 在操作上字节流与字符流有一个区别，字符流在操作时使用了缓冲区（内部存储器），而字节流在操作时直接操作文件，不会使用到缓冲区。
> ② 所有的这些方法在出现错误时都会抛出 IOException 异常。

由于最常见的文件读写是对文本文件和二进制文件的读写，下面将从这两个方面进行讲述。

3.1.3　读写文本文件

通常可以使用 java.io 包里的流读写文本文件。

1. 使用字节流读写文本文件

（1）使用字节流类 FileInputStream 读文本文件

FileInputStream 称为文件输入流，它的作用就是将文件中的数据输入到内部存储器（简称内存）中。它是字节输入流 InputStream 抽象类的一个子类。可以利用它来读取文本文件中的数据,其具体实现步骤如下。

1)导入相关的类。

import java.io.IOException;
import java.io.InputStream;
import java.io.FileInputStream;

2)构造一个文件输入流对象。

InputStream fileObject=new FileInputStream("text.txt");

此时的文件输入流对象 fileObject 就和源数据源(text.txt 文件)关联起来。

3)利用文件输入流类的方法读取文本文件的数据。

fileObject.available();   // 可读取的字节数
fileObject.read();   // 读取文件的数据

4)关闭文件输入流对象。

fileObject.close();

下面通过示例 2 学习如何利用 FileInputStream 类读取文本文件的数据。

➲ 示例 2

使用 FileInputStream 类读取文本文件的数据。

实现步骤:

①引入相关类。

②在 C 盘下创建目录 myDoc,并在此目录下创建文件 hello.txt,文件中保存的内容为"abc"。

③创建流对象。

④调用 read() 方法读取数据。

⑤关闭流对象。

关键代码:

```java
public class FileInputStreamTest {
    public static void main(String[] args) throws IOException {
        // 创建流对象
        FileInputStream fis=new FileInputStream("C:\\myDoc\\hello.txt");
        int data;
        System.out.println(" 可读取的字节数 : "+fis.available());
        System.out.print(" 文件内容为 : ");
        // 循环读数据
        while((data=fis.read())!=-1){
            System.out.print(data+" ");
        }
        // 关闭流对象
        fis.close();
    }
}
```

输出结果如下所示:

可读取的字节数 : 3
文件内容为 : 97 98 99

示例 2 演示了使用 FileInputStream 类读取文本文件中的数据的步骤，但是读出的内容与文件中保存的内容并不一致，文件中保存了"abc"，而输出的结果是 97 98 99，这是什么原因呢？如何正确地输出文件中的内容呢？读者可以先思考一下。

> **注意：**
> 使用 FileInputStream 类读文件数据时应注意以下几个方面：
> ① read() 方法返回整数，如果读取的是字符串，需进行强制类型转换。
> ② 流对象使用完毕后需要关闭。

（2）使用字节流类 FileOutputStream 写文本文件

FileOutputStream 称为文件输出流，它的作用是把内存中的数据输出到文件中。它是字节输出流 OutputStream 抽象类的子类。可以利用它把内存中的数据写入到文本文件中，具体实现步骤如下。

1）引入相关的类。

```
import java.io.IOException;
import java.io.OutputStream;
import java.io.FileOutputStream;
```

2）构造一个文件输出流对象。

```
OutputStream fos=new FileOutputStream("text.txt");
```

此时的文件输出流对象 fos 就和目标源数据源（text.txt 文件）关联起来。

3）利用文件输出流的方法把数据写入到文本文件中。

```
String str=" 好好学习 Java";
byte[] words=str.getBytes();
// 利用 write 方法将数据写入到文件中去
fos.write(words, 0, words.length);
```

4）关闭文件输出流。

```
fos.close();
```

下面通过示例 3 学习 FileOutputStream 类的用法。

⊃ 示例3

使用 FileOutputStream 类向文本文件中写入数据。

实现步骤：

①引入相关类。

②创建流对象。

③调用 write() 方法写入数据到文件中。

④关闭流对象。

关键代码：

```
try {
    String str=" 好好学习 Java";
    byte[] words=str.getBytes(); // 字节数组
```

```
    // 创建流对象,以追加方式写入文件
    FileOutputStream fos=new FileOutputStream("C:\\myDoc\\hello.txt",true);
    // 写入文件
    fos.write(words, 0, words.length);
    System.out.println("hello 文件已更新 !");
    fos.close();  // 关闭流
}catch (IOException obj) {
    System.out.println(" 创建文件时出错 !");
}
```

示例 3 执行完毕后,"好好学习 Java"这个字符串会写入 hello.txt 文件中,并且新写入的内容追加在原有内容的后面。默认情况下,向文件写数据时将覆盖文件中原有的内容。代码 FileOutputStream fos=new FileOutputStream("C:\\myDoc\\hello.txt",true); 中第二个参数为 true,表示在文件末尾添加数据,并且如果 hello.txt 这个文件不存在,程序运行后,将首先创建此文件然后写入数据。

> **注意:**
>
> 使用 FileOutputStream 类读文件数据时应注意以下几个方面:
> ① 在创建 FileOutputStream 实例时,如果相应的文件并不存在,就会自动创建一个空的文件。
> ② 如果参数 file 或 name 表示的文件路径尽管存在,但是代表一个文件目录,则此时会抛出 FileNotFoundException 类型的异常。
> ③ 默认情况下,向文件写数据时将覆盖文件中原有的内容。

2. 使用字符流读写文本文件

(1) 使用字符流类 BufferedReader 和 FileReader 读文本文件

BufferedReader 和 FileReader 两个类都是 Reader 抽象类的子类。它们可以通过字符流的方式读取文件,并使用缓冲区,提高了读文本文件的效率。读取文本文件的具体步骤如下。

1) 引入相关的类。

```
import java.io.FileReader;
import java.io.BufferedReader;
import java.io.IOException;
```

2) 构造一个 BufferedReader 对象。

```
FileReader fr=new FileReader("mytest.txt");
BufferedReader br=new BufferedReader(fr);
```

3) 利用 BufferedReader 类的方法读取文本文件的数据。

```
br.readLine();          // 读取一行数据,返回字符串
```

4) 关闭相关的流对象。

```
br.close();
fr.close();
```

下面通过示例 4 学习 BufferedReader 类和 FileReader 类的用法。

⊃ 示例 4

使用 BufferedReader 类和 FileReader 类读取文本文件数据。

实现步骤：

①引入相关类。

②创建流对象。

③调用 readLine() 方法读取数据。

④关闭流对象。

关键代码：

```
try {
    // 创建一个 FileReader 对象
    FileReader fr=new FileReader("C:\\myDoc\\hello.txt");
    // 创建一个 BufferedReader 对象
    BufferedReader br=new BufferedReader(fr);
    // 读取一行数据
     String line=br.readLine();
     while(line!=null){
         System.out.println(line);
         line=br.readLine();
     }
    // 关闭流
     br.close();
     fr.close();
}catch(IOException e){
     System.out.println(" 文件不存在 !");
}
```

（2）使用字符流类 BufferedWriter 和 FileWriter 写文本文件

BufferedWriter 和 FileWriter 都是字符输出流 Writer 抽象类的子类。它们可以通过字符流的方式并通过缓冲区把数据写入文本文件，提高了写文本文件的效率。把数据写入文本文件的具体操作步骤如下。

1）引入相关的类。

import java.io.FileWriter ;

import java.io.BufferedWriter ;

import java.io.IOException;

2）构造一个 BufferedWriter 对象。

FileWriter fw=new FileWriter("mytest.txt");

BufferedWriter bw=new BufferedWriter(fw);

3）利用 BufferedWriter 类的方法写文本文件。

bw.write("hello");

4）相关流对象的清空和关闭。

bw.flush();

bw.close();
fw.close();

下面通过示例 5 学习 BufferedWriter 类及 FileWriter 类的用法。

➲ 示例 5

使用 BufferedWriter 及 FileWriter 对象向文本文件中写数据，并将写入文件的数据读取出来显示在屏幕上。

实现步骤：

①引入相关类。

②创建流对象。

③调用 write() 方法写数据。

④调用 flush() 方法刷新缓冲区。

⑤读取写入的数据。

⑥关闭流对象。

关键代码：

```java
try {
    // 创建一个 FileWriter 对象
    FileWriter fw=new FileWriter("C:\\myDoc\\hello.txt");
    // 创建一个 BufferedWriter 对象
    BufferedWriter bw=new BufferedWriter(fw);
    // 写入信息
    bw.write(" 大家好！ ");
    bw.write(" 我正在学习 BufferedWriter。 ");
    bw.newLine();
    bw.write(" 请多多指教！ ");
    bw.newLine();
    bw.flush();          // 刷新缓冲区
    bw.close();
    fw.close();          // 关闭流
    // 读取文件内容同示例 4 代码，此处省略
}catch(IOException e){
    System.out.println(" 文件不存在 !");
}
```

输出结果如图 3.6 所示。

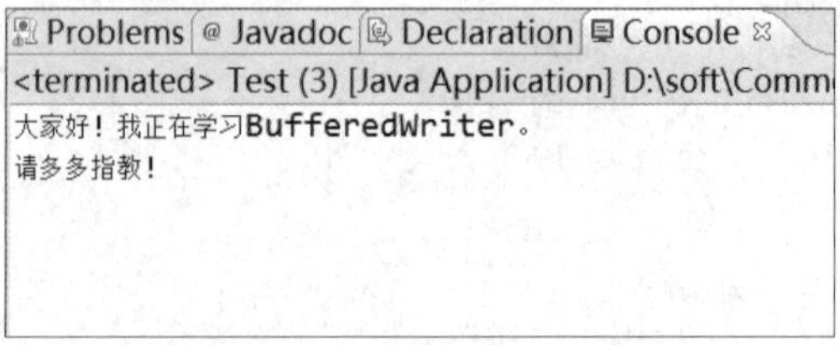

图 3.6　向文本文件中写入数据

3.1.4 读写二进制文件

前面已经介绍了如何读写文本文件,但常见的文件读写中还有一种二进制文件的读写。接下来介绍如何读写二进制文件。读写二进制文件常用的类有 DataInputStream 和 DataOutputStream。

1. 使用字节流读二进制文件

利用 DataInputStream 类读二进制文件,其实与利用 FileInputStream 类读文本文件极其相似,也要用到 FileInputStream 类关联二进制文件。具体操作步骤如下。

(1) 引入相关的类。

import java.io.FileInputStream;

import java.io.DataInputStream;

(2) 构造一个数据输入流对象。

FileInputStream fis=new FileInputStream("HelloWorld.class");

DataInputStream dis=new DataInputStream(fis);

(3) 利用数据输入流类的方法读取二进制文件中的数据。

dis.readInt();   // 读取出来的是整数

dis.readByte();   // 读取出来的数据是 Byte 类型

(4) 关闭数据输入流。

dis.close();   // 关闭数据输入流

这里暂不举例,下面将结合写二进制文件的操作来学习二进制文件的读取操作。

2. 使用字节流写二进制文件

利用 DataOutputStream 类写二进制文件,其实与利用 FileOutputStream 类写文本文件极其相似,也要用到 FileOutputStream 类关联二进制文件。具体操作步骤如下。

(1) 引入相关的类。

import java.io.FileOutputStream;

import java.io.DataOutputStream;

(2) 构造一个数据输出流对象。

FileOutputStream outFile=new FileOutputStream("temp.class");

DataOutputStream out=new DataOutputStream(outFile);

(3) 利用数据输出流类的方法把数据写入二进制文件。

out.write(1);   // 把数据写入二进制文件

(4) 关闭数据输出流。

out.close();

下面通过示例 6 学习 DataInputStream 类和 DataOutputStream 类的用法。

⇨ 示例 6

实现从一个二进制文件 ReadAndWriteBinaryFile.class 中读取数据,然后复制到另一个二进制文件 temp.class 中。

实现步骤：

1）引入相关类。

2）创建流对象。

3）调用 DataInputStream 对象的 read() 方法读数据。

4）调用 DataOutputStream 对象的 write() 方法写数据。

5）读取写入的数据。

6）关闭流对象。

关键代码：

```
// 创建流对象
FileInputStream fis=new FileInputStream("C:\\myDoc\\FileMethods.class");
DataInputStream dis=new DataInputStream(fis);
FileOutputStream outFile=new FileOutputStream("C:\\myDoc\\temp.class");
DataOutputStream out=new DataOutputStream(outFile);
int temp;
while ((temp=dis.read())!=-1) { // 读数据
    out.write(temp); // 把读取的数据写入到 temp.class 文件中
}
// 关闭流
fis.close();
out.close();
```

DataInputStream 类与 DataOutputStream 类搭配使用，可以按照与平台无关的方式从流中读取基本数据类型的数据，如 int、float、long、double 和 boolean 等。此外，DataInputStream 的 readUTF() 方法能读取采用 UTF-8 字符集编码的字符串。如下面的代码所示：

```
FileInputStream in1=new FileInputStream("C:\\myDoc\\hello.txt");
BufferedInputStream in2=new BufferedInputStream(in1);
DataInputStream in=new DataInputStream(in2);
System.out.println(in.readByte());
System.out.println(in.readLong());
System.out.println(in.readChar());
System.out.println(in.readUTF());
```

DataOutputStream 类可以按照与平台无关的方式向流中写入基本数据类型的数据，如 int、float、long、double 和 boolean 等。此外，DataOutputStream 的 writeUTF() 方法能写入采用 UTF-8 字符集编码的字符串。

DataOutputStream 类的所有写方法都是以 write 开头，如 writeByte()、writeLong() 等方法。如下面的代码所示：

```
FileOutputStream out1=new FileOutputStream("C:\\myDoc\\hello.txt");
BufferedOutputStream out2=new BufferedOutputStream(out1);
DataOutputStream out=new DataOutputStream(out2);
out.writeByte(1);
out.writeLong(2);
out.writeChar('c');
out.writeUTF("hello");
```

3.1.5 重定向标准 I/O

前面讲解了常用的几个流对象，用于对文件进行操作。其实，还有两个非常熟知的流，即 System.in 和 System.out，它们是 Java 提供的两个标准输入 / 输出流，主要用于从键盘接受数据以及向屏幕输出数据。

System.in 常见方法如下所示：
- ➢ int read()，此方法从键盘接收一个字节的数据，返回值是该字符的 ASCII 码。
- ➢ int read(byte []buf)，此方法从键盘接收多个字节的数据，保存至 buf 中，返回值是接收字节数据的个数，非 ASCII 码。

System.out 常见方法如下所示：
- ➢ print()，向屏幕输出数据，不换行，参数可以是 Java 的任意数据类型。
- ➢ println()，向屏幕输出数据，换行，参数可以是 Java 的任意数据类型。

有些时候使用标准 I/O 对文件进行读写很方便，那么如何使用 System.in 读取文件中的数据以及使用 System.out 向文件中写入数据呢？首先需要重定向标准 I/O，简单地说，就是将标准 I/O 重新定向到其他的 I/O 设备，例如将输出设备定位到文件。

System 类提供了 3 个重定向标准输入 / 输出的方法，如表 3-7 所示。

表 3-7 重定向标准输入 / 输出的方法

方　　法	说　　明
static void setErr(PrintStream err)	重定向标准错误输出流
Static void setIn(InputStream in)	重定向标准输入流
Static void setOut(PrintStream out)	重定向标准输出流

如下代码实现了 System.out 的重定向，运行此代码，在控制台将不输出任何内容，而是输出到文件 hello.txt 中。文件内容如图 3.7 所示。这说明标准输出已经不再是输出到控制台，而是输出到了 hello.txt 文件。

```
// 创建 PrintStream 输出流
PrintStream ps=new PrintStream(new FileOutputStream("C:\\myDoc\\hello.txt"));
// 将标准输出流重定向到文件
System.setOut(ps);
// 向文件中输出内容
System.out.print(" 我的测试，重定向到文件 hello！ ");
System.out.println(new ReOut());
```

图 3.7　输出重定向

至此任务1已经全部完成。对文件数据的读写是本节需要熟练掌握的内容,同学们需多做练习,加深对本章中介绍的几个重要流对象的理解。

任务2　在Java中读写对象信息

关键步骤如下:
- 使用序列化将对象保存到文件中。
- 使用反序列化从文件中读取对象信息。

3.2.1　序列化概述

在任务1中实现了通过Java程序读写文件。事实上,在开发中,经常需要将对象的信息保存到磁盘中便于以后检索。可以使用任务1学习的方法逐一对对象的属性信息进行操作,但是这样做通常很繁琐,而且容易出错。可以想象一下编写包含大量对象的大型业务应用程序的情形,程序员不得不为每一个对象编写代码,以便将字段和属性保存至磁盘以及从磁盘还原这些字段和属性。序列化提供了轻松实现这个目标的快捷方法。

简单地说,序列化就是将对象的状态存储到特定存储介质中的过程,也就是将对象状态转换为可保持或可传输格式的过程。在序列化过程中,会将对象的公有成员、私有成员包括类名,转换为字节流,然后再把字节流写入数据流,存储到存储介质中,这里说的存储介质通常指的是文件。

使用序列化的意义在于将Java对象序列化后,可以将其转换为字节序列,这些字节序列可以被保存在磁盘上,也可以借助网络进行传输,同时序列化后的对象保存的是二进制状态,这样实现了平台无关性。即可以将在Windows操作系统中实现序列化的一个对象,传输到UNIX操作系统的机器上,再通过反序列化后得到相同对象,而无需担心数据因平台问题显示异常。

3.2.2　使用序列化保存对象信息

序列化机制允许将实现了序列化的Java对象转换为字节序列,这个过程需要借助于I/O流来实现。

Java中只有实现了java.io.Serializable接口的类的对象才能被序列化,Serializable表示可串行的、可序列化的,所以,对象序列化在某些文献上也被称为串行化。JDK类库中有些类,如String类、包装类和Date类等都实现了Serializable接口。

对象序列化的步骤很简单,可以概括成如下两大步:

(1) 创建一个对象输出流(ObjectOutputStream),它可以包装一个其他类型的输出流，如文件输出流 FileOutputStream。

例如以下代码：

ObjectOutputStream oos=new ObjectOutputStream(new FileOutputStream("C:\\myDoc \\stu.txt"));

它创建了对象输出流 oos，包装了一个文件输出流，即 C 盘文件夹 myDoc 中的 stu.txt 文件流。

（2）通过对象输出流的 writeObject() 方法写对象，也就是输出可序列化对象。

⊃ 示例 7

使用序列化将学生对象保存到文件中。

实现步骤：

1）引入相关类。

2）创建学生类，实现 Serializable 接口。

3）创建对象输出流。

4）调用 writeObject() 方法将对象写入文件。

5）关闭对象输出流。

关键代码：

```
public class Student implements java.io.Serializable {
    //Student 类的字段和方法省略
}
public class SerializableObj {
    public static void main(String[] args) {
        ObjectOutputStream oos=null;
        try{
            // 创建 ObjectOutputStream 输出流
            oos=new ObjectOutputStream(new FileOutputStream("C:\\myDoc\\stu.txt"));
            Student stu=new Student(" 安娜 ",30," 女 ");
            // 对象序列化，写入输出流
            oos.writeObject(stu);
        }catch(IOException ex){
            ex.printStackTrace();
        }finally{
            if(oos!=null){
                try{
                    oos.close();
                }catch (IOException e){
                    e.printStackTrace();
                }
            }
        }
    }
}
```

示例 7 执行完毕后，stu 这个学生对象将被保存到 stu.txt 文件中。

在示例 7 中，将一个学生对象保存到文件中，当需要保存多个学生对象时该如何做呢？可以使用集合保存多个学生对象，然后将集合中所有的对象写入文件中。示例 7 中的关键代码可以修改为如下代码，则实现了将两个学生对象写入到文件中。

```
// 之前部分代码省略
// 创建 ObjectOutputStream 输出流
oos=new ObjectOutputStream(new FileOutputStream("C:\\myDoc\\stu1.txt"));
Student stu=new Student(" 安娜 ",30," 女 ");
Student stu1=new Student(" 李惠 ",20," 女 ");
ArrayList<Student> list=new ArrayList<Student>();
list.add(stu);
list.add(stu1);
// 对象序列化，写入输出流
oos.writeObject(list);
// 之后部分代码省略
```

3.2.3 使用反序列化获取对象信息

既然能将对象的状态保存到存储介质（如文件）中，那么如何将这些对象状态读取出来呢？这就用到反序列化。反序列化，顾名思义就是与序列化相反，序列化是将对象的状态信息保存到存储介质中，反序列化则是从特定存储介质中读取数据并重新构建成对象的过程。通过反序列化，可以将存储在文件上的对象信息读取出来，然后重新构建为对象。这样就不需要再将文件上的信息一一读取、分析再组织为对象。

反序列化的步骤大致概括为以下两步：

（1）创建一个对象输入流（ObjectInputStream），它可以包装一个其他类型的输入流，如文件输入流 FileInputStream。

（2）通过对象输入流的 readObject() 方法读取对象，该方法返回一个 Object 类型的对象，如果程序知道该 Java 对象的类型，则可以将该对象强制转换成其真实的类型。下面接着刚才的 Student 类的对象序列化信息，进行反序列化处理。

➲ 示例8

使用反序列化读取文件中的学生对象。

实现步骤：

1）引入相关类。

2）创建对象输入流。

3）调用 readObject () 方法读取对象。

4）关闭对象输入流。

关键代码：

```
ObjectInputStream ois=null;
try{
    // 创建 ObjectInputStream 输入流
    ois=new ObjectInputStream(new FileInputStream("C:\\myDoc\\stu.txt"));
    // 反序列化，进行强转类型转换
```

```
    Student stu=(Student)ois.readObject();
    // 输出生成后的对象信息
    System.out.println(" 姓名为： "+stu.getName());
    System.out.println(" 年龄为： "+stu.getAge());
    System.out.println(" 性别为： "+stu.getGender());
}catch(IOException ex){
    ex.printStackTrace();
}finally{
    if(ois!=null){
        try{
            ois.close();
        }catch (IOException e){
            e.printStackTrace();
        }
    }
}
```

输出结果如下所示：

姓名为：安娜
年龄为：30
性别为：女

同样，前面以集合的方式将两个学生对象写入到文件，此时该如何反序列化呢？

很简单，代码如下：

```
// 创建 ObjectInputStream 输入流
ois=new ObjectInputStream(new FileInputStream("C:\\myDoc\\stu1.txt"));
// 反序列化，进行强转类型转换
ArrayList<Student> list=(ArrayList<Student>)ois.readObject();
//Student stu=(Student)ois.readObject();
// 输出生成后的对象信息
for(Student stu:list){
    System.out.println(" 姓名为： "+stu.getName());
    System.out.println(" 年龄为： "+stu.getAge());
    System.out.println(" 性别为： "+stu.getGender());
}
```

输出结果如图 3.8 所示。

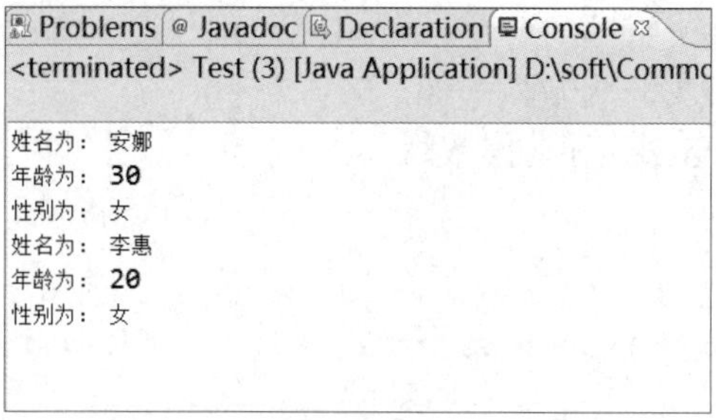

图 3.8　反序列化

> **注意：**
> ① 如果向文件中使用序列化机制写入多个对象，那么反序列化恢复对象时，必须按照写入的顺序读取。
> ② 如果一个可序列化的类，有多个父类（包括直接或间接父类），则这些父类要么也是可序列化的，要么有无参数的构造器。否则会抛出异常。

通常，对象中的所有属性都会被序列化，但是对于一些比较敏感的信息，如用户的密码，一旦序列化后，人们完全可以通过读取文件或拦截网络传输数据的方式获得这些信息。因此，出于对安全的考虑，某些属性应限制被序列化。解决的办法是使用 transient 来修饰。

3.2.4 对象引用的序列化

如果一个类的成员包含其他类的对象，如班级类中包含学生类型的对象，那么当要序列化班级对象时，则必须保证班级类和学生类都是可序列化的。即当需要序列化某个特定对象时，它的各个成员对象也必须是可序列化的。要理解这一点，需要了解序列化算法的相关知识，序列化的算法规则如下：

- 所有保存到磁盘中的对象都有一个序列号。
- 当程序试图序列化一个对象时，将会检查是否已经被序列化，只有序列化后的对象才能被转换成字节序列输出。
- 如果对象已经被序列化，则程序直接输出一个序列化编号，而不再重新序列化。

至此，任务 2 已经全部完成，通过学习本部分的内容，可以掌握序列化和反序列化的相关技术。

任务 3　在 Java 中使用反射机制

关键步骤如下：
- 使用反射获取类的信息。
- 使用反射创建对象。
- 使用反射访问属性和方法。
- 使用 Array 动态创建和访问数组。

3.3.1 反射概述

1. 反射机制

Java 的反射机制是 Java 特性之一，反射机制是构建框架技术的基础所在。灵活掌握 Java 反射机制，对以后学习框架技术有很大的帮助。

Java 反射机制是指在运行状态中，动态获取信息以及动态调用对象方法的功能。

Java 反射有 3 个动态性质：

➢ 运行时生成对象实例。
➢ 运行期间调用方法。
➢ 运行时更改属性。

如何理解 Java 反射的原理呢？首先来回顾一下 Java 程序的执行过程，如图 3.9 所示。要想 Java 程序能够运行，Java 类必须被 Java 虚拟机加载。运行的程序都是在编译时就已经加载了所需要的类。

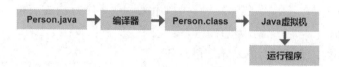

图 3.9　Java 程序执行过程

Java 反射机制在编译时并不确定是哪个类被加载了，而是在程序运行时才加载、探知、使用，如图 3.10 所示，这样的特点就是反射。这类似于光学中的反射概念。所以把 Java 的这种机制称为反射机制。在计算机科学领域，反射是指一类应用，它们能够自描述和自控制。

图 3.10　反射执行过程

Java 反射机制能够知道类的基本结构，这种对 Java 类结构探知的能力，称为 Java 类的"自审"。使用 MyEclipse 时，Java 代码的自动提示功能（如图 3.11 所示），就是利用了 Java 反射的原理，是对所创建对象的探知和自审。

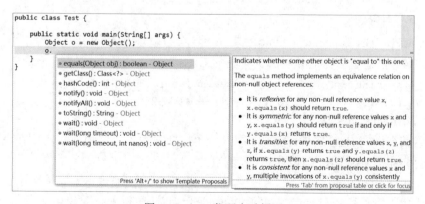

图 3.11　Java 代码自动提示

通过 Java 反射，可以实现以下功能：

- 在运行时判断任意一个对象所属的类。
- 在运行时构造任意一个类的对象。
- 在运行时判断任意一个类所具有的方法和属性。
- 在运行时调用任意一个对象的方法。

2. Java 反射常用 API

使用 Java 反射技术常用的类如下：
- Class 类：反射的核心类，反射所有的操作都是围绕该类来生成的。通过 Class 类，可以获取类的属性、方法等内容信息。
- Field 类：表示类的属性，可以获取和设置类中属性的值。
- Method 类：表示类的方法，它可以用来获取类中方法的信息，或者执行方法。
- Constructor 类：表示类的构造方法。

在 Java 程序中使用反射的基本步骤如下：
（1）导入 java.lang.reflect.*。
（2）获得需要操作的类的 Java.lang.Class 对象。
（3）调用 Class 的方法获取 Field、Method 等对象。
（4）使用反射 API 进行操作。

3.3.2 反射的应用

1. 获取类的信息

通过反射获取类的信息分为两步，首先获取 Class 对象，然后通过 Class 对象获取信息。

（1）获取 Class 对象

每个类被加载后，系统就会为该类生成一个对应的 Class 对象，通过该 Class 对象就可以访问 Java 虚拟机中的这个类。Java 程序中获得 Class 对象通常有如下 3 种方式。

1）调用对象的 getClass() 方法

getClass() 方法是 java.lang.Object 类中的一个方法，所有的 Java 对象都可以调用该方法，该方法会返回该对象所属类对应的 Class 对象。使用方式如以下代码所示：

```
Student p=new Student();        //Student 为自定义的学生类型
Class cla=p.getClass();         //cla 为 class 对象
```

2）调用类的 class 属性

调用某个类的 class 属性可获取该类对应的 Class 对象，这种方式需要在编译期就知道类的名称。使用的方式如以下代码所示：

```
Class cla=Student.class;        //Student 为自定义的学生类型
```

上述代码中，Student.class 将会返回 Student 类对应的 Class 对象。

3）使用 Class 类的 forName() 静态方法

使用 Class 类的 forName() 静态方法也可以获取该类对应的 Class 对象。该方法需要传入字符串参数,该字符串参数的值是某个类的全名,即要在类名前添加完整的包名。

Class cla=Class.**forName**("com.pb.jadv.reflection.Student "); // 正确
Class cla=Class.**forName**("Student "); // 错误

在上述代码中,如果传入的字符串不是类的全名,就会抛出一个 ClassNotFound-Exception 异常,如图 3.12 所示。

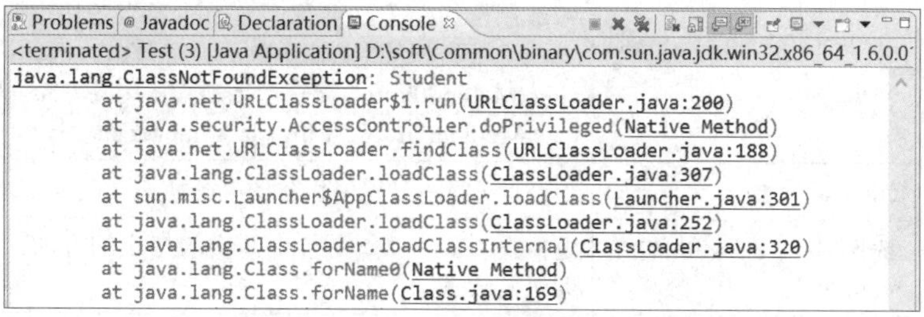

图 3.12 ClassNotFoundException 异常

后两种方式都是直接根据类来获取该类的 Class 对象,相比之下调用某个类的 class 属性来获取该类对应的 Class 对象这种方式更有优势,原因为如下两点:

➢ 代码更安全,程序在编译阶段就可以检查需要访问的 Class 对象是否存在。
➢ 程序性能更高,因为这种方式无须调用方法,所以性能更好。

因此,大部分时候都应该使用调用某个类的 class 属性的方式来获取指定类的 Class 对象。

(2)从 Class 对象获取信息

在获得了某个类所对应的 Class 对象之后,程序就可以调用 Class 对象的方法来获取该类的详细信息。Class 类提供了大量实例方法来获取 Class 对象所对应类的详细信息。

1)访问 Class 对应的类所包含的构造方法

访问 Class 对应的类所包含的构造方法的常用方法如表 3-8 所示。

表 3-8 访问类包含的构造方法的常用方法

方　法	说　明
Constructor getConstructor(Class[] params)	返回此 Class 对象所包含的类的指定 public 构造方法,params 参数是按声明顺序指定该方法参数类型的 Class 对象的一个数组。构造方法的参数类型与 params 所指定的参数类型匹配。例如: Constructor co=c.getConstructor(String.class,List.class); //c 为某 Class 对象
Constructor[] getConstructors()	返回此 Class 对象所包含的类的所有 public 构造方法
Constructor getDeclaredConstructor (Class[] params)	返回此 Class 对象所包含的类的指定构造方法,与构造方法的访问级别无关
Constructor[] getDeclaredConstructors()	返回此 Class 对象所包含的类的所有构造方法,与构造方法的访问级别无关

2）访问 Class 对应的类所包含的方法

访问 Class 对应的类所包含的方法的常用方法如表 3-9 所示。

表 3-9　访问类包含的方法的常用方法

方　　法	说　　明
Method getMethod(String name,Class[] params)	返回此 Class 对象所包含的类的指定的 public 方法，name 参数用于指定方法名称，params 参数是按声明顺序标志该方法参数类型的 Class 对象的一个数组。例如： c.getMethod("info",String.class);　//c 为某 Class 对象 c.getMethod("info",String.class,Integer.class);
Method[] getMethods()	返回此 Class 对象所包含的类的所有 public 方法
Method getDeclaredMethod(String name, Class[]params)	返回此 Class 对象所包含的类的指定的方法，与方法的访问级别无关
Method[] getDeclaredMethods()	返回此 Class 对象所包含的类的全部方法，与方法的访问级别无关

3）访问 Class 对应的类所包含的属性

访问 Class 对应的类所包含的属性的常用方法如表 3-10 所示。

表 3-10　访问类包含的属性的常用方法

方　　法	说　　明
Field getField(String name)	返回此 Class 对象所包含的类的指定的 public 属性，name 参数用于指定属性名称。例如： c.getField("age");　//c 为某 Class 对象，age 为属性名
Field[] getFields()	返回此 Class 对象所包含的类的所有 public 属性
Field getDeclaredField(String name)	返回此 Class 对象所包含的类的指定属性，与属性的访问级别无关，name 表示属性名称
Field[] getDeclaredFields()	返回此 Class 对象所包含的类的全部属性，与属性的访问级别无关

4）访问 Class 对应的类所包含的注解

访问 Class 对应的类所包含的注解的常用方法如表 3-11 所示。

表 3-11　访问类包含的注解的常用方法

方　　法	说　　明
<A extends Annotation>A getAnnotation(Class<A> annotationClass)	试图获取该 Class 对象所表示类上指定类型的注解，如果该类型的注解不存在则返回 null。其中 annotationClass 参数对应于注解类型的 Class 对象
Annotation[] getAnnotations()	返回此类上存在的所有注解
Annotation[] getDeclaredAnnotations()	返回直接存在于此类上的所有注解

5）访问 Class 对应的类的其他信息

访问 Class 对应的类的其他信息的常用方法如表 3-12 所示。

表 3-12　访问类信息的其他常用方法

方　　法	说　　明
Class[] getDeclaredClasses()	返回该 Class 对象所对应类里包含的全部内部类
Class[] getDeclaringClass()	访问 Class 对应的类所在的外部类
Class[] getInterfaces()	返回该 Class 对象对应类所实现的全部接口
int getModifiers()	返回此类或接口的所有修饰符，返回的修饰符由 public、protected、private、final、staic 和 abstract 等对应的常量组成，返回的整数应使用 Modifier 工具类的方法来解码，才可以获取真实的修饰符
Package getPackage()	获取此类的包
String getName()	以字符串形式返回此 Class 对象所表示的类的名称
String getSimpleName()	以字符串形式返回此 Class 对象所表示的类的简称
Class getSuperclass()	返回该 Class 所表示的类的超类对应的 Class 对象

Class 对象可以获得该类里的成员包括方法、构造方法及属性。其中方法由 Method 对象表示，构造方法由 Constructor 对象表示，属性由 Field 对象表示。

Method、Constructor、Field 这 3 个类都定义在 java.lang.reflect 包下，并实现了 java.lang.reflect.Member 接口，程序可以通过 Method 对象来执行对应的方法，通过 Constructor 对象来调用相应的构造方法创建对象，通过 Field 对象直接访问并修改对象的属性值。

2．创建对象

通过反射来创建对象有如下两种方式：
➢ 使用 Class 对象的 newInstance() 方法创建对象。
➢ 使用 Constructor 对象创建对象。

使用 Class 对象的 newInstance() 方法来创建该 Class 对象对应类的实例，这种方式要求该 Class 对象的对应类有默认构造方法，而执行 newInstance() 方法时实际上是利用默认构造方法来创建该类的实例。而使用 Constructor 对象创建对象，要先使用 Class 对象获取指定的 Constructor 对象，再调用 Constructor 对象的 newInstance() 方法创建该 Class 对象对应类的实例。通过这种方式可以选择使用某个类的指定构造方法来创建实例。

⇨ 示例 9

使用 newInstance() 方法创建对象。
关键代码：

```
import java.util.Date;
public class Test {
public static void main(String[] args) throws Exception{
    Class cla=Date.class;
    Date d=(Date)cla.newInstance();
```

```
        System.out.println(d.toString();
    }
}
```

如果创建 Java 对象时不是利用默认构造方法，而是使用指定的构造方法，则可以利用 Constructor 对象，每个 Constructor 对应一个构造方法。指定构造方法创建 Java 对象需要如下 3 个步骤：

（1）获取该类的 Class 对象。
（2）利用 Class 对象的 getConstructor() 方法来获取指定构造方法。
（3）调用 Constructor 的 newInstance() 方法创建 Java 对象。

⊃ 示例 10

利用 Constructor 对象指定的构造方法创建对象。
关键代码：

```
import java.lang.reflect.Constructor;
import java.util.Date;

public class Test {
    public static void main(String[] args) throws Exception{
        // 获取 Date 对应的 Class 对象
        Class cla=Date.class;
        // 获取 Date 中带一个长整型参数的构造方法
        Constructor cu=cla.getConstructor(long.class);
        // 调用 Constructor 的 newInstance() 方法创建对象
        Date d=(Date)cu.newInstance(1987);
        System.out.println(d.toString());
    }
}
```

上述代码中，要使用 Date 类中带一个 long 类型参数的构造方法，首先要在获取 Constructor 时指定参数值为 long.class，然后在使用 newInstance() 方法时传递一个实际的值 1987。

3. 访问类的属性

使用 Field 对象可以获取对象的属性。通过 Field 对象可以对属性进行取值或赋值操作，主要方法如表 3-13 所示。

表 3-13 访问类的属性的常用方法

方　　法	说　　明
Xxx getXxx(Object obj)	该方法中 Xxx 对应 8 个基本数据类型，如 int。obj 为该属性所在的对象。例如： Student p=new Student(); nameField. getInt (p); //nameField 为 Field 对象
Object get(Object obj)	得到引用类型属性值。例如： Student p=new Student(); nameField.get(p); //nameField 为 Field 对象

续表

方法	说明
void setXxx(Object obj,Xxx val)	将 obj 对象的该属性设置成 val 值。此处的 Xxx 对应 8 个基本数据类型
void set(Object obj,object val)	将 obj 对象的该属性设置成 val 值。针对引用类型赋值
void setAccessible(bool flag)	对获取到的属性设置访问权限。参数为 true，可以对私有属性取值和赋值

⊃ 示例 11

访问学生（Student）类的私有属性并赋值。

关键代码：

```java
import java.lang.reflect.*;
/* 自定义学生类 */
class Student {
    private String name;                    // 姓名
    private int age;                        // 年龄
    public String toString(){
        return " name is "+name+", age is "+age;
    }
}
/* 测试类 */
public class Test {
    public static void main(String[] args) throws Exception{
        // 创建一个 Student 对象
        Student p=new Student();
        // 获取 Student 对应的 Class 对象
        Class cla=Student.class;

        // 获取 Student 类的 name 属性，使用 getDeclaredField() 方法可获取各种访问级别的属性
        Field nameField=cla.getDeclaredField("name");
        // 设置通过反射访问该 Field 时取消权限检查
        nameField.setAccessible(true);
        // 调用 set() 方法为 p 对象的指定 Field 设置值
        nameField.set(p, "Jack");

        // 获取 Student 类的 age 属性，使用 getDeclaredField() 方法可获取各种访问级别的属性
        Field ageField=cla.getDeclaredField("age");
        // 设置通过反射访问该 Field 时取消权限检查
        ageField.setAccessible(true);
        // 调用 setInt() 方法为 p 对象的指定 Field 设置值
        ageField.setInt(p, 20);
        System.out.println(p);
    }
}
```

通常情况下，Student 类的私有属性 name 和 age 只能在 Student 里访问，但示例代码通过反射修改了 Student 对象的 name 和 age 属性值。在这里，并没有用 getField() 方法来获取属性，因为 getField() 方法只能获取 public 访问权限的属性，而使用 getDeclaredField() 方法则可以获取所有访问权限的属性。

另外，为 name 和 age 赋值的方式不同，为 name 赋值只用了 set() 方法，而为 age 赋值则使用了 setInt() 方法，因为前者是引用类型（String），后者为值类型（int）。

程序输出结果如图 3.13 所示，Student 类中的私有属性 name 和 age 分别被设成了 Jack 和 20。

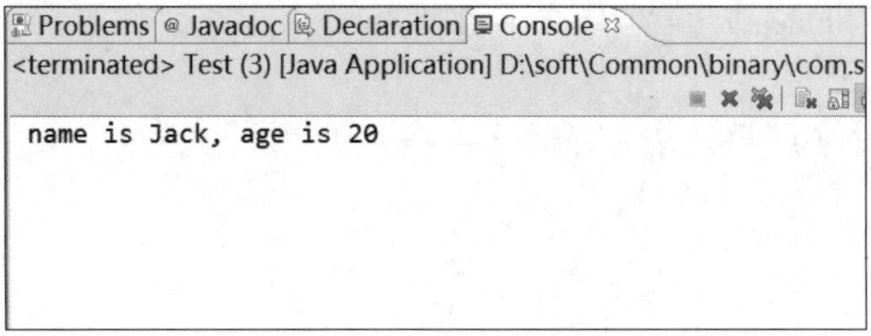

图 3.13　通过反射修改私有属性

4．访问类的方法

使用 Method 对象可以调用对象的方法。在 Method 类中包含一个 invoke() 方法，方法定义如下：

Object invoke(Object obj,Objec args)

其中，obj 是执行该方法的对象，args 是执行该方法时传入该方法的参数。

● 示例 12

通过反射调用 Student 类的方法。

关键代码：

```
import java.lang.reflect.*;
class Student {
    private String name;           // 姓名
    private int age;               // 年龄
    public String getName() {
        return name;
    }
    public void setName(String name) {
        this.name=name;
    }
    public int getAge() {
        return age;
    }
    public void setAge(int age) {
        this.age=age;
```

```java
    }
    public String toString(){
        return "name is "+name+", age is "+age;
    }
}

public class Test {
    public static void main(String[] args) throws Exception{
        // 获取 Student 对应的 Class 对象
        Class cla=Student.class;
        // 创建 Student 对象
        Student p=new Student();
        // 得到 setName 方法
        Method met1=cla.getMethod("setName", String.class);
        // 调用 setName，为 name 赋值
        met1.invoke(p, "Jack");

        // 得到 getName 方法
        Method met=cla.getMethod("getName", null);
        // 调用 getName，获取 name 的值
        Object o=met.invoke(p, null);
        System.out.println(o);
    }
}
```

如果把 Student 类的 setName() 方法的访问权限设为私有再运行程序，则会抛出如图 3.14 所示的 NoSuchMethodException 异常。这是因为当通过 Method 的 invoke() 方法调用对应的方法时，Java 会要求程序必须有调用该方法的权限。如果程序确实需要调用某个对象的 private 方法，可以先调用 setAccessible() 方法，将 Method 对象的 accessible 标志设置为指示的布尔值，值为 true 则表示该 Method 在使用时应该取消 Java 语言访问权限检查；值为 false 则表示该 Method 在使用时应该进行 Java 语言访问权限检查。

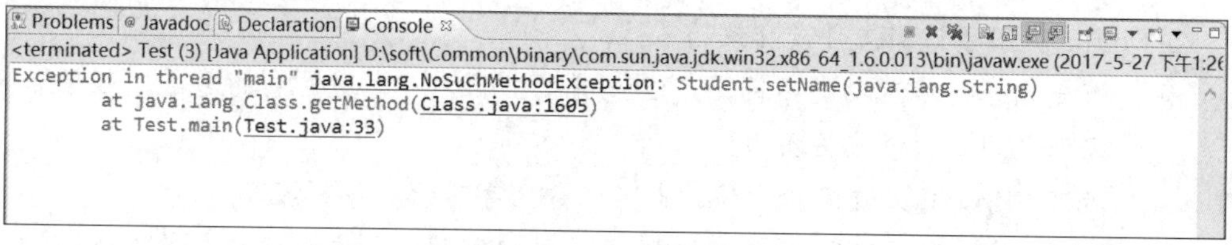

图 3.14 访问方法异常

5. 使用 Array 类动态创建和访问数组

在 java.lang.reflect 包下还提供了一个 Array 类，此 Array 类的对象可以代表所有的数组。程序可以通过使用 Array 类来动态地创建数组、操作数组元素等。例如下面的代码中，创建了数组 arr，并为元素赋值。

```
// 创建一个元素类型为 String，长度为 10 的数组
Object arr=Array.newInstance(String.class,10);
// 依次为 arr 数组中 index 为 5，6 的元素赋值
Array.set(arr, 5, "Jack");
Array.set(arr, 6, "John");
// 依次取出 arr 数组中 index 为 5，6 的元素的值
Object o1=Array.get(arr, 5);
Object o2=Array.get(arr, 6);
```

使用 Array 类动态地创建和操作数组很方便，大大简化了程序。关于 Array 类更多的方法可以在使用时查看 API。

> **注意：**
>
> 使用反射虽然会很大程度上提高代码的灵活性，但是不能滥用反射，因为通过反射创建对象时性能要稍微低一些。实际上，只有当程序需要动态创建某个类的对象时才会考虑使用反射，通常在开发通用性比较广的框架、基础平台时可能会大量使用反射。因为在很多 Java 框架中都需要根据配置文件信息来创建 Java 对象，从配置文件读取的只是某个类的字符串类名，程序需要根据字符串来创建对应的实例，就必须使用反射。
>
> 在实际开发中，没有必要使用反射来访问已知类的方法和属性，只有当程序需要动态创建某个类的对象的时候才会考虑使用。例如，从配置文件中读取以字符串形式表示的类时，就要使用反射来获取它的方法和属性。

至此，任务 3 已经全部完成。在本任务中，主要学习了 Java 反射机制的原理及应用，在开发中需根据实际应用场景灵活运用。

本章总结

本章学习了以下知识点：
- File 类用于访问文件或目录的属性。
- 流是指一连串流动的字符，是以先进先出的方式发送信息的通道。程序和数据源之间是通过流关联的。
- 流可以分为输入流和输出流，也可以分为字节流和字符流。
- FileInputStream 类和 FileOutputStream 类以字节流的方式读写文本文件。
- BufferedReader 类和 BufferedWriter 类以字符流的方式读写文本文件，而且效率更高。
- DataInputStream 类和 DataOutputStream 类可用于读写二进制文件。
- 序列化是将对象的状态存储到特定存储介质的过程。
- 反序列化是将存储介质中的数据重新构建为对象的过程。

> Java 反射机制是指在运行状态中,动态获取信息以及动态调用对象方法的功能。
> 使用反射可以在程序运行时创建类的实例以及访问其属性和方法。

本章练习

1. 编写一个程序将 file1.txt 文件中的内容复制到 file2.txt 文件中。
2. 编写一个 Java 程序读取 Windows 目录下的 win.ini 文件,并输出其内容。
3. 编写一个程序,运行 Java 控制台程序,检测本地是否保存学生对象(反序列化),如果保存,则输出学生信息;如果没有保存,则通过学生类 Student 创建一个学生对象,将学生信息输出并保存到本地文件(序列化)中。

随手笔记

第4章

注解和多线程

▶ **本章重点**
- ※ 线程的创建和启动
- ※ 线程同步

▶ **本章目标**
- ※ 注解的用法
- ※ 线程调度
- ※ 线程间通信

 **本章任务**

学习本章,需要完成以下 4 个工作任务。请记录学习过程中所遇到的问题,可以通过自己的努力或访问 kgc.cn 解决。

任务 1:使用注解描述程序代码

注解是 JDK 5.0 及以上版本提供的一个新特性,它提供了一种机制,将程序的元素如类、方法、属性等和元数据联系起来。本任务要求能够简单使用注解,在后续课程中将会继续学习相关的内容。

任务 2:使用多线程输出 1 ~ 100 的整数

在 Java 应用程序中,自定义线程实现输出 1 ~ 100 的整数。如图 4.1 所示为本任务的运行效果。

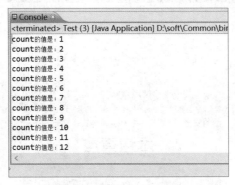

图 4.1 输出 1 ~ 100 的整数

任务 3:使用线程同步模拟实现银行取款

使用线程同步模拟实现银行取款功能。
如图 4.2 所示为本任务的运行效果。

图 4.2 银行取款

任务 4：通过线程间通信解决生产者消费者问题

在经典的生产者和消费者问题中，生产者和消费者共享同一资源，并且生产者和消费者之间相互依赖，互为条件。如何编写程序来解决这个问题？本任务通过线程通信来实现。

任务 1　使用注解描述程序代码

关键步骤如下：
- 使用内建注解。
- 使用元注解。
- 自定义注解。
- 使用反射读取注解信息。

4.1.1　注解概述

Java 注解也就是 Annotation，是 Java 代码里的特殊标记，它为 Java 程序代码提供了一种形式化的方法，用来表达额外的某些信息，这些信息代码本身是无法表示的。可以方便地使用注解修饰程序元素，这里程序元素包括类、方法、成员变量等。

注解以标签的形式存在于 Java 代码中，注解的存在并不影响程序代码的编译和执行，它只是用来生成其他的文件或使我们在运行代码时知道被运行代码的描述信息。

注解的语法很简单，使用注解时在其前面加上"@"符号，并把该注解当成一个修饰符使用，用于修饰它支持的程序元素。

注解使用的语法格式如下：

@Annotation(参数)

在语法中：
- Annotation 为注解的类型。
- 注解的参数可以没有，也可以有一个或多个。

例如下面 3 行代码分别为不带参数的注解、带一个参数的注解及带两个参数的注解。

@Override
@SuppressWarnings(value="unused")
@MyTag(name="Jack",age=20)

使用注解语法时，需要注意以下规范：
- 将注解置于所有修饰符之前。
- 通常将注解单独放置在一行。
- 默认情况下，注解可用于修饰任何程序元素，包括类、方法和成员变量等。

4.1.2 注解分类

在 Java 中，根据注解的使用方法和用途，可将注解分为 3 类，分别是内建注解、元注解以及自定义注解。

1. 内建注解

在 JDK 5.0 版本的 java.lang 包下提供了 3 种标准的注解类型，称为内建注解，分别是 @Override 注解、@Deprecated 注解以及 @SuppressWarnings 注解。

（1）@Override 注解

@Override 注解被用来标注方法，它用来表示该方法是重写父类的某方法。@Override 注解的用法非常简单，只要在重写的子类方法前加上 @Override 即可。如下程序中就使用了 @Override 注解来标识子类 Apple 的 getObjectInfo() 方法是重写的父类的方法。

```java
public class Fruit {
    public void getObjectInfo(){
        System.out.println(" 水果的 getObjectInfo 方法 ");
    }
}
public class Apple extends Fruit{
    // 使用 @Override 指定下面的方法必须重写父类方法
    @Override
    public void getObjectInfo(){
        System.out.println(" 苹果重写水果的 getObjectInfo 方法 ");
    }
}
```

（2）@Deprecated 注解

@Deprecated 注解标识程序元素已过时。如果一个程序元素被 @Deprecated 注解修饰，则表示此程序元素已过时，编译器将不再鼓励使用这个被标注的程序元素。如果使用，编译器会在该程序元素上画一条斜线，表示此程序元素已过时。例如下面代码中，getObjectInfo() 方法将被标识为已过时的方法。

```java
// 使用 @Deprecated 指定下面的方法已过时
@Deprecated
public void getObjectInfo(){
    System.out.println(" 苹果重写水果的 getObjectInfo 方法 ");
}
```

（3）@SuppressWarnings 注解

@SuppressWarnings 注解标识阻止编译器警告，被用于有选择地关闭编译器对类、方法和成员变量等程序元素及其子元素的警告。@SuppressWarnings 注解会一直作用于该程序元素的所有子元素。例如下面代码中，使用 @SuppressWarnings("unchecked") 注解来标识 Fruit 类取消类型检查的编译器警告。

```java
// 使用 @SuppressWarnings 抑制编译器警告信息
@SuppressWarnings(value="unchecked");
```

```
public class Fruit {
    ……
}
```

上述代码中,"unchecked"表示 @SuppressWarnings 注解的参数。@SuppressWarnings 注解常用的参数如下:

- deprecation:使用了过时的程序元素。
- unchecked:执行了未检查的转换。
- unused:有程序元素未被使用。
- fallthrough:switch 程序块直接通往下一种情况而没有 break。
- path:在类路径、源文件路径等中有不存在的路径。
- serial:在可序列化的类上缺少 serialVersionUID 定义。
- finally:任何 finally 子句不能正常完成。
- all:所有情况。

> **注意:**
>
> 当注解类型里只有一个 value 成员变量,使用该注解时可以直接在注解后的括号中指定 value 成员变量的值,而无须使用 name=value 结构对的形式。在 @SuppressWarnings 注解类型中只有一个 value 成员变量,所以可以把 "value=" 省略掉,例如:
>
> @SuppressWarnings({"unchecked","fallthrough"});
>
> 如果 @SuppressWarnings 注解所声明的被禁止的警告个数只有一个时,则可不用大括号,例如:
>
> @SuppressWarnings("unchecked");

2. 元注解

java.lang.annotation 包下提供了 4 个元注解,它们用来修饰其他的注解定义。这 4 个元注解分别是 @Target 注解、@Retention 注解、@Documented 注解以及 @Inherited 注解。

(1) @Target 注解

@Target 注解用于指定被其修饰的注解能用于修饰哪些程序元素,@Target 注解类型有唯一的 value 作为成员变量。这个成员变量是 java.lang.annotation.ElementType 类型,ElementType 类型是可以被标注的程序元素的枚举类型。@Target 的成员变量 value 为如下值时,则可指定被修饰的注解只能按如下声明进行标注,当 value 为 FIELD 时,被修饰的注解只能用来修饰成员变量。

- ElementType.ANNOTATION_TYPE:注解声明。
- ElementType.CONSTRUCTOR:构造方法声明。
- ElementType.FIELD:成员变量声明。
- ElementType.LOCAL_VARIABLE:局部变量声明。

- ElementType.METHOD：方法声明。
- ElementType.PACKAGE：包声明。
- ElementType.PARAMETER：参数声明。
- ElementType.TYPE：类、接口（包括注解类型）或枚举声明。

（2）@Retention 注解

@Retention 注解描述了被其修饰的注解是否被编译器丢弃或者保留在 class 文件中。默认情况下，注解被保存在 class 文件中，但在运行时并不能被反射访问。

@Retention 包含一个 RetentionPolicy 类型的 value 成员变量，其取值来自 java.lang.annotation.RetentionPolicy 的枚举类型值，有如下 3 个取值：

- RetentionPolicy.CLASS：@Retention 注解中 value 成员变量的默认值，表示编译器会把被修饰的注解记录在 class 文件中，但当运行 Java 程序时，Java 虚拟机不再保留注解，从而无法通过反射对注解进行访问。
- RetentionPolicy.RUNTIME：表示编译器将注解记录在 class 文件中，当运行 Java 程序时，Java 虚拟机会保留注解，程序可以通过反射获取该注解。
- RetentionPolicy.SOURCE：表示编译器将直接丢弃被修饰的注解。

下面是定义 @Retention 注解类型的示例代码，通过将 value 成员变量的值设为 RetentionPolicy.RUNTIME，指定 @Retention 注解在运行时可以通过反射进行访问。

```
@Retention(RetentionPolicy.RUNTIME)
@Target(ElementType.ANNOTATION_TYPE)
public @interface Retention {
    RetentionPolicy value();
}
```

（3）@Documented 注解

@Documented 注解用于指定被其修饰的注解将被 JavaDoc 工具提取成文档，如果在定义某注解时使用了 @Documented 修饰，则所有使用该注解修饰的程序元素的 API 文档中都将包含该注解说明。另外，@Documented 注解类型没有成员变量。

（4）@Inherited 注解

@Inherited 注解用于指定被其修饰的注解将具有继承性。也就是说，如果一个使用了 @Inherited 注解修饰的注解被用于某个类，则这个注解也将被用于该类的子类。

3. 自定义注解

前面介绍了 JDK 提供的 3 种内建注解及 4 种元注解。下面介绍自定义注解。

注解类型是一种接口，但它又不同于接口。定义一个新的注解类型与定义一个接口非常相似，定义新的注解类型要使用 @interface 关键字，如下代码定义了一个简单的注解类型。

```
public @interface AnnotationTest{}
```

注解类型定义之后，就可以用它来修饰程序中的类、接口、方法和成员变量等程序元素。

自定义注解在实际的开发中使用的频率并不是很多,能够理解其基本用法即可。

4.1.3 读取注解信息

java.lang.reflect 包主要包含一些实现反射功能的工具类,另外也提供了对读取运行时注解的支持。java.lang.reflect 包下的 AnnotatedElement 接口代表程序中可以接受注解的程序元素,该接口有如下几个实现类:

- Class:类定义。
- Constructor:构造方法定义。
- Field:类的成员变量定义。
- Method:类的方法定义。
- Package:类的包定义。

java.lang.reflect.AnnotatedElement 接口是所有程序元素的父接口,程序通过反射获得某个类的 AnnotatedElement 对象(如类、方法和成员变量),调用该对象的 3 个方法就可以来访问注解信息。

- getAnnotation() 方法:用于返回该程序元素上存在的、指定类型的注解,如果该类型的注解不存在,则返回 null。
- getAnnotations() 方法:用来返回该程序元素上存在的所有注解。
- isAnnotationPresent() 方法:用来判断该程序元素上是否包含指定类型的注解,如果存在则返回 true,否则返回 false。

例如下面代码中,获取了 MyAnnotation 类的 getObjectInfo() 方法的所有注解,并输出。

```
public class MyAnnotation{
    // 获取 MyAnnotation 类的 getObjectInfo() 方法的所有注解
    Annotation[] arr=Class.forName("MyAnnotation").getMethod("getObjectInfo"). getAnnotations();
    // 遍历所有注解
    for(Annotation an:arr){
        System.out.println(an);
    }
}
```

需要注意,这里得到的注解,都是被定义为运行时的注解,即都是用 @Retention(RetentionPolicy.RUNTIME)修饰的注解。否则,通过反射得不到这个注解信息。因为当一个注解类型被定义为运行时注解,该注解在运行时才是可见的。当 class 文件被装载时,保存在 class 文件中的注解才会被 Java 虚拟机所读取。

有时候需要获取某个注解里的元数据,则可以将注解强制类型转换成所需的注解类型,然后通过注解对象的抽象方法来访问这些元数据。

任务 2　使用多线程输出 1～100 的整数

关键步骤如下：
- 创建线程。
- 启动线程。
- 调度线程。

4.2.1　线程概述

计算机的操作系统大多采用多任务和分时设计，多任务是指在一个操作系统中可以同时运行多个程序，例如，可以在使用 QQ 聊天的同时听音乐，即有多个独立运行的任务，每个任务对应一个进程，每个进程又可产生多个线程。

1. 进程

认识进程先从程序开始。程序（Program）是对数据描述与操作的代码的集合，如 Office 中的 Word、暴风影音等应用程序。

进程（Process）是程序的一次动态执行过程，它对应了从代码加载、执行至执行完毕的一个完整过程，这个过程也是进程本身从产生、发展至消亡的过程。操作系统同时管理一个计算机系统中的多个进程，让计算机系统中的多个进程轮流使用 CPU 资源，或者共享操作系统的其他资源。

进程的特点是：
- 进程是系统运行程序的基本单位。
- 每一个进程都有自己独立的一块内存空间、一组系统资源。
- 每一个进程的内部数据和状态都是完全独立的。

当一个应用程序运行的时候会产生一个进程，如图 4.3 所示。

图 4.3　系统中当前存在的进程

2. 线程

线程是进程中执行运算的最小单位，一个进程在其执行过程中可以产生多个线程，而线程必须在某个进程内执行。

线程是进程内部的一个执行单元，是可完成一个独立任务的顺序控制流程，如果在一个进程中同时运行了多个线程，用来完成不同的工作，则称之为多线程。

线程按处理级别可以分为核心级线程和用户级线程。

1) 核心级线程

核心级线程是和系统任务相关的线程，它负责处理不同进程之间的多个线程。允许不同进程中的线程按照同一相对优先调度方法对线程进行调度，使它们有条不紊地工作，可以发挥多处理器的并发优势，以充分利用计算机的软/硬件资源。

2) 用户级线程

在开发程序时，由于程序的需要而编写的线程即用户级线程，这些线程的创建、执行和消亡都是在编写应用程序时进行控制的。对于用户级线程的切换，通常发生在一个应用程序的诸多线程之间，如迅雷中的多线程下载就属于用户线程。

多线程可以改善用户体验。具有多个线程的进程能更好地表达和解决现实世界的具体问题，多线程是计算机应用开发和程序设计的一项重要的实用技术。

线程和进程既有联系又有区别，具体如下：

- ➢ 一个进程中至少要有一个线程。
- ➢ 资源分配给进程，同一进程的所有线程共享该进程的所有资源。
- ➢ 处理机分配给线程，即真正在处理机上运行的是线程。

3. 多线程的优势

多线程有着广泛的应用，下载工具"迅雷"是一款典型的多线程应用程序，在这个下载工具中，可以同时执行多个下载任务。这样不但能够加快下载的速度，减少等待时间，而且还能够充分利用网络和系统资源。

多线程的好处如下：

- ➢ 多线程程序可以带来更好的用户体验，避免因程序执行过慢而导致出现计算机死机或者白屏的情况。
- ➢ 多线程程序可以最大限度地提高计算机系统的利用效率，如迅雷的多线程下载。

4.2.2 在 Java 中实现多线程

每个程序至少自动拥有一个线程，称为主线程。当程序加载到内存时启动主线程。Java 程序中的 public static void main() 方法是主线程的入口，运行 Java 程序时，会先执行这个方法。

开发中，用户编写的线程一般都是指除了主线程之外的其他线程。

使用一个线程的过程可以分为如下 4 个步骤：

（1）定义一个线程，同时指明这个线程所要执行的代码，即期望完成的功能。

（2）创建线程对象。

（3）启动线程。

（4）终止线程。

定义一个线程类通常有两种方法，分别是继承 java.lang.Thread 类和实现 java.lang.Runnable 接口。

1. 使用 Thread 类创建线程

Java 提供了 java.lang.Thread 类支持多线程编程，该类提供了大量的方法来控制和操作线程，常用方法如表 4-1 所示。这些方法可以先初步了解，以后使用到时再深入学习。

表 4-1 Thread 类的常用方法

方法	说明
void run()	执行任务操作的方法
void start()	使该线程开始执行
void sleep(long millis)	在指定的毫秒数内让当前正在执行的线程休眠（暂停执行）
String getName()	返回该线程的名称
int getPriority()	返回线程的优先级
void setPriority(int newPriority)	更改线程的优先级
Thread.State getState()	返回该线程的状态
boolean isAlive()	测试线程是否处于活动状态
void join()	等待该线程终止
void interrupt()	中断线程
void yield()	暂停当前正在执行的线程对象，并执行其他线程

创建线程时继承 Thread 类并重写 Thread 类的 run() 方法。Thread 类的 run() 方法是线程要执行操作任务的方法，所以线程要执行的操作代码都需要写在 run() 方法中，并通过调用 start() 方法来启动线程。

⇒ 示例 1

使用继承 Thread 类的方式创建线程，在线程中输出 1～100 的整数。

实现步骤：

（1）定义 MyThread 类继承 Thread 类，重写 run() 方法，在 run() 方法中实现数据输出。

（2）创建线程对象。

（3）调用 start() 方法启动线程。

关键代码：

```
// 通过继承 Thread 类来创建线程
public class MyThread extends Thread{
    private int count=0;
    // 重写 run() 方法
    public void run(){
        while(count<100){
            count++;
            System.out.println("count 的值是："+count);
        }
    }
}
// 启动线程
public class Test {
    public static void main(String[] args) {
        MyThread mt=new MyThread();        // 实例化线程对象
        mt.start();                         // 启动线程
    }
}
```

输出结果如图 4.1 所示。

由示例 1 可以看出，创建线程对象时不会执行线程。必须调用线程对象的 start() 方法才能使线程开始执行。

2．使用 Runnable 接口创建线程

使用继承 Thread 类的方式创建线程简单明了，符合大家的习惯，但它也有一个缺点，如果定义的类已经继承了其他类则无法再继承 Thread 类。使用 Runnable 接口创建线程的方式可以解决上述问题。

Runnable 接口中声明了一个 run() 方法，即 public void run()。一个类可以通过实现 Runnable 接口并实现其 run() 方法完成线程的所有活动，已实现的 run() 方法称为该对象的线程体。任何实现 Runnable 接口的对象都可以作为一个线程的目标对象。

○ 示例 2

使用实现 Runnable 接口的方式创建线程，在线程中输出 1～100 的整数。

实现步骤：

（1）定义 MyThread 类实现 java.lang.Runnable 接口，并实现 Runnable 接口的 run() 方法，在 run() 方法中输出数据。

（2）创建线程对象。

（3）调用 start() 方法启动线程。

关键代码：

```
// 通过实现 Runnable 接口创建线程
public class MyThread implements Runnable{
    private int count=0;
```

```
// 实现 run() 方法
public void run(){
    while(count<100){
        count++;
        System.out.println("count 的值是："+count);
    }
}
}
// 启动线程
public class Test {
    public static void main(String[] args) {
        Thread thread=new Thread(new MyThread());    // 创建线程对象
        thread.start();                              // 启动线程
    }
}
```

输出结果如图 4.1 所示。

示例 2 中，通过 Thread thread=new Thread(new MyThread()) 创建线程对象。

两种创建线程的方式有各自的特点和应用领域：直接继承 Thread 类的方式编写简单，可以直接操作线程，适用于单重继承的情况；实现 Runnable 接口的方式，当一个线程继承了另一个类时，就只能用实现 Runnable 接口的方法来创建线程，而且这种方式还可以使多个线程之间使用同一个 Runnable 对象。

4.2.3 线程的状态

线程的生命周期可以分成 4 个阶段，即线程的 4 种状态，分别为新生状态、可运行状态、阻塞状态和死亡状态。一个具有生命的线程，总是处于这 4 种状态之一。线程的生命周期如图 4.4 所示。

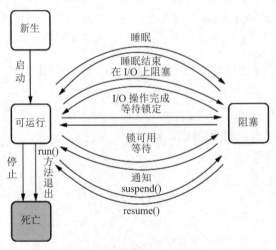

图 4.4 线程的生命周期

1. 新生状态（New Thread）

创建线程对象之后，尚未调用其 start() 方法之前，这个线程就有了生命，此时线程仅仅是一个空对象，系统没有为其分配资源。此时只能启动和终止线程，任何其他操作都会引发异常。

2. 可运行状态（Runnable）

当调用 start() 方法启动线程之后，系统为该线程分配除 CPU 外的所需资源，这个线程就有了运行的机会，线程处于可运行的状态，在这个状态当中，该线程对象可能正在运行，也可能尚未运行。对于只有一个 CPU 的机器而言，任何时刻只能有一个处于可运行状态的线程占用处理机，获得 CPU 资源，此时系统真正运行线程的 run() 方法。

3. 阻塞状态（Blocked）

一个正在运行的线程因某种原因不能继续运行时，进入阻塞状态。阻塞状态是一种"不可运行"的状态，而处于这种状态的线程在得到一个特定的事件之后会转回可运行状态。

导致一个线程被阻塞的原因可能是：
- 调用了 Thread 类的静态方法 sleep()。
- 一个线程执行到一个 I/O 操作时，如果 I/O 操作尚未完成，则线程将被阻塞。
- 如果一个线程的执行需要得到一个对象的锁，而这个对象的锁正被别的线程占用，那么此线程会被阻塞。
- 线程的 suspend() 方法被调用而使线程被挂起时，线程进入阻塞状态。但 suspend() 容易导致死锁，已经被 JDK 列为过期方法，基本不再使用。

处于阻塞状态的线程可以转回可运行状态，例如，在调用 sleep() 方法之后，这个线程的睡眠时间已经达到了指定的间隔，那么它就有可能重新回到可运行状态。或当一个线程等待的锁变得可用的时候，那么这个线程也会从被阻塞状态转入可运行状态。

4. 死亡状态（Dead）

一个线程的 run() 方法运行完毕、stop() 方法被调用或者在运行过程中出现未捕获的异常时，线程进入死亡状态。

4.2.4 线程调度

当同一时刻有多个线程处于可运行状态，它们需要排队等待 CPU 资源，每个线程会自动获得一个线程的优先级（Priority），优先级的高低反映线程的重要或紧急程度。可运行状态的线程按优先级排队，线程调度依据优先级基础上的"先到先服务"原则。

线程调度管理器负责线程排队和 CPU 在线程间的分配，并按线程调度算法进行调度。当线程调度管理器选中某个线程时，该线程获得 CPU 资源进入运行状态。

线程调度是抢占式调度，即在当前线程执行过程中如果一个更高优先级的线程进入可运行状态,则这个更高优先级的线程立即被调度执行。

1. 线程优先级

线程的优先级用 1~10 表示,10 表示优先级最高,默认值是 5。每个优先级对应一个 Thread 类的公用静态常量。例如:

public static final int NORM_PRIORITY=5;
public static final int MIN_PRIORITY=1;
public static final int MAX_PRIORITY=10;

每个线程的优先级都介于 Thread. MIN_PRIORITY 和 Thread. MAX_PRIORITY 之间。

线程的优先级可以通过 setPriority(int grade) 方法更改,此方法的参数表示要设置的优先级,它必须是一个 1~10 的整数。例如,myThread.setPriority(3); 线程对象 myThread 的优先级别被设置为 3。

2. 实现线程调度的方法

(1) join() 方法

join() 方法使当前线程暂停执行,等待调用该方法的线程结束后再继续执行本线程。它有 3 种重载形式:

public final void join()
public final void join(long mills)
public final void join(long mills,int nanos)

下面通过示例具体介绍 join() 方法的应用。

⇒ 示例3

使用 join() 方法阻塞线程。

实现步骤:

1)定义线程类,输出 5 次当前线程的名称。

2)定义测试类,使用 join() 方法阻塞主线程。

关键代码:

```java
public class MyThread extends Thread{
    public MyThread(String name){
        super(name);
    }
    public void run(){
        for(int i=0;i<5;i++){
            //输出当前线程的名称
            System.out.println(Thread.currentThread().getName()+""+i);
        }
    }
}

public class Test {
    public static void main(String[] args) {
        for(int i=0;i<10;i++){
```

```
        if(i==5){                    // 主线程运行 5 次后，开始 MyThread 线程，
            MyThread tempjt=new MyThread("MyThread");
            try {
                tempjt.start();
                tempjt.join();       // 把该线程通过 join() 方法插入到主线程前面
            } catch (InterruptedException e) {
                e.printStackTrace();
            }
        }
        System.out.println(Thread.currentThread().getName()+""+i);
    }
  }
}
```
输出结果如图 4.5 所示。

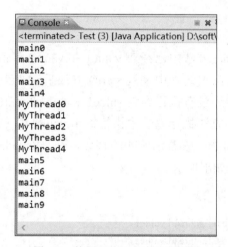

图 4.5　使用 join() 方法阻塞线程

在示例 3 中，使用 join() 方法阻塞指定的线程等到另一个线程完成以后再继续执行。其中 tempjt.join(); 表示让当前线程即主线程加到 tempjt 的末尾，主线程被阻塞，tempjt 执行完以后主线程才能继续执行。

Thread.currentThread().getName() 用于获取当前线程的名称。

从线程返回数据时也经常使用到 join() 方法。

● 示例 4

使用 join() 方法实现两个线程间的数据传递。

实现步骤：

1）定义线程类，为变量赋值。

2）定义测试类。

关键代码：

```
public class Test {
    public static void main(String[] args) throws InterruptedException{
```

```
        MyThread thread=new MyThread();
        thread.start();
        System.out.println("values1:"+thread.value1);
        System.out.println("values2:"+thread.value2);
    }
}
public class MyThread extends Thread{
    public String value1;
    public String value2;
    public void run(){
        value1="value1 已赋值 ";
        value2="value2 已赋值 ";
    }
}
```

输出结果如下所示：

value1：null

value2：null

在示例 4 中，在 run() 方法中已经对 value1 和 value2 赋值，而返回的却是 null，出现这种情况的原因是在主线程中调用 start() 方法后就立刻输出了 value1 和 value2 的值，而 run() 方法可能还没有执行到为 value1 和 value2 赋值的语句。要避免这种情况的发生，需要等 run() 方法执行完后才执行输出 value1 和 value2 的代码，可以使用 join() 方法来解决这个问题。修改示例 4 的代码，在"thread.start();"后添加"thread.join();"，修改后的代码如下所示：

```
thread.start();
thread.join();
System.out.println("values1:"+thread.value1);
System.out.println("values2:"+thread.value2);
```

重新运行示例 4，则可以得到如下输出结果：

value1：value1 已赋值

value2：value2 已赋值

（2）sleep() 方法

sleep() 方法的语法格式如下：

public static void sleep(long millis)

sleep() 方法会让当前线程睡眠（停止执行）millis 毫秒，线程由运行中的状态进入不可运行状态，睡眠时间过后线程会再次进入可运行状态。

示例 5

使用 sleep() 方法阻塞线程。

实现步骤：

1）定义线程。

2）在 run() 方法中使用 sleep() 方法阻塞线程。

3）定义测试类。

关键代码：
```java
public class Wait {
    public static void bySec(long s){
        for(int i=0;i<s;i++){
            System.out.println(i+1+" 秒 ");
            try {
                Thread.sleep(1000);  // 睡眠 1 秒
            } catch (InterruptedException e) {
                e.printStackTrace();
            }
        }
    }
}
public class Test {
    public static void main(String[] args) {
        System.out.println("Wait");         // 提示等待
        Wait.bySec(5);                      // 让主线程等待 5 秒再执行
        System.out.println("start");        // 提示恢复执行
    }
}
```
输出结果如图 4.6 所示。

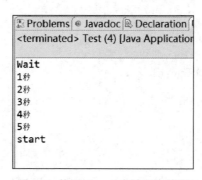

图 4.6　使用 sleep() 方法阻塞线程

示例 5 的代码中，在执行主线程以后，首先输出了 Wait，然后主线程等待 5 秒钟后继续执行。

（3）yield() 方法

yield() 方法的语法格式如下：

public static void yield()

yield() 方法可让当前线程暂停执行，允许其他线程执行，但该线程仍处于可运行状态，不变为阻塞状态。此时，系统选择其他相同或更高优先级线程执行，若无其他相同或更高优先级线程，则该线程继续执行。

⊃ 示例 6

使用 yield() 方法暂停线程。

实现步骤：

1）定义两个线程。

2）在 run() 方法中使用 yield() 方法暂停线程。

3）定义测试类。

关键代码：

```java
public class FirstThread extends Thread{
    public void run(){
        for(int i=0;i<5;i++){
            System.out.println(" 第一个线程的第 "+(i+1)+" 次运行 ");
            Thread.yield();  //暂停线程
        }
    }
}
public class SecThread extends Thread{
    public void run(){
        for(int i=0;i<5;i++){
            System.out.println(" 第二个线程的第 "+(i+1)+" 次运行 ");
            Thread.yield();
        }
    }
}
public class Test {
    public static void main(String[] args) {
        FirstThread mt=new FirstThread();
        SecThread mnt=new SecThread();
        mt.start();
        mnt.start();
    }
}
```

输出结果结图 4.7 所示。

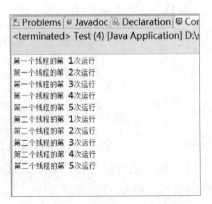

图 4.7　使用 yield() 方法暂停线程

在示例 6 中，调用了 yield() 方法之后，当前线程并不是转入被阻塞状态，它可以与其他等待执行的线程竞争 CPU 资源,如果此时它又抢占到 CPU 资源,就会出现连续运行几次的情况。

sleep()方法与 yield()方法在使用时容易混淆,这两个方法之间的区别如表 4-2 所示。

表 4-2 sleep()方法与 yield()方法的区别

sleep()方法	yield()方法
使当前线程进入被阻塞的状态	将当前线程转入暂停执行的状态
即使没有其他等待运行的线程,当前线程也会等待指定的时间	如果没有其他等待执行的线程,当前线程会马上恢复执行
其他等待执行的线程的机会是均等的	会将优先级相同或更高的线程运行

至此,任务 2 已经全部完成。通过任务 2,可以了解多线程的概念及优势,掌握创建和启动线程的方法、设置线程的优先级以及线程调度的方法。线程调度是难点,可以结合示例及运行效果来理解。

任务 3　使用线程同步实现银行取款

关键步骤如下:
➢ 同步方法。
➢ 同步代码块。

4.3.1　线程同步的必要性

前面介绍的线程都是独立的,而且异步执行,也就是说每个线程都包含了运行时所需要的数据或方法,而不需要外部资源或方法,也不必关心其他线程的状态或行为。但是经常有一些同时运行的线程需要共享数据,此时就需要考虑其他线程的状态和行为,否则就不能保证程序运行结果的正确性。

◯ 示例 7

张三和他的妻子各拥有一张银行卡和存折,可以对同一个银行账户进行存取款的操作,请使用多线程模拟张三和他的妻子同时取款的过程。

实现步骤:
(1)定义银行账户 Account 类。
(2)定义取款线程类。
(3)定义测试类,实例化张三取款的线程实例和他的妻子取款的线程实例。
关键代码:
```
// 银行账户类
public class Account {
```

```java
    private int balance=500;                    // 余额
    public int getBalance() {
    return balance;
  }
  // 取款
  public void withdraw(int amount) {
    balance=balance-amount;
  }
}

// 取款的线程类
public class TestAccount implements Runnable {
  // 所有用 TestAccount 对象创建的线程共享同一个账户对象
  private Account acct=new Account();
  public void run() {
   for (int i=0; i<5; i++) {
    makeWithdrawal(100);                       // 取款
    if(acct.getBalance()<0) {
     System.out.println(" 账户透支了 !");
    }
   }
  }
  private void makeWithdrawal(int amt) {
   if(acct.getBalance()>=amt) {
     System.out.println(Thread.currentThread().getName()+" 准备取款 ");
     try {
      Thread.sleep(500);                       //0.5 秒后实现取款
     } catch(InterruptedException ex)  { }
     // 如果余额足够，则取款
     acct.withdraw(amt);
     System.out.println(Thread.currentThread().getName()+" 完成取款 ");
   }else {
     // 余额不足给出提示
     System.out.println(" 余额不足支付 "+Thread.currentThread().getName()
       +" 的取款，余额为 "+acct.getBalance());
   }
  }
}

// 测试类
public class TestWithdrawal {
  public static void main(String[] args) {
    // 创建两个线程
    TestAccount r=new TestAccount();
    Thread one=new Thread(r);
    Thread two=new Thread(r);
```

```
        one.setName(" 张三 ");
        two.setName(" 张三的妻子 ");
        // 启动线程
        one.start();
        two.start();
    }
}
```
输出结果如图 4.8 所示。

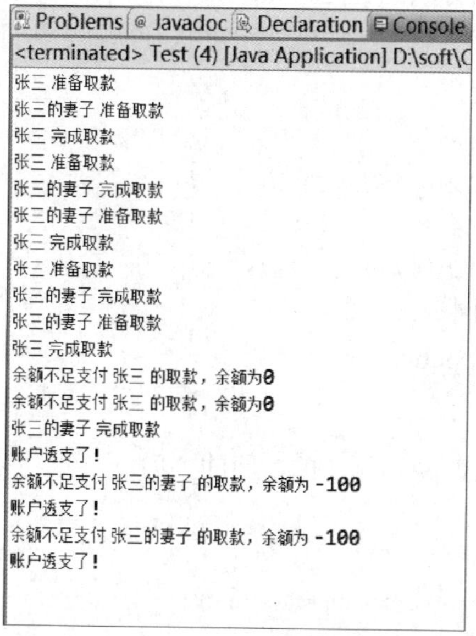

图 4.8 不使用线程同步的银行取款

在示例 7 的代码中，首先定义了一个 Account 类模拟银行账户。然后定义了 TestAccount 类实现 Runnable 接口，在此类中有一个账户对象 acct，即所有通过此类创建的线程都共享同一个账户对象。在测试类中，创建了两个线程，分别用于实现张三和他的妻子的取款操作。通过程序的运行结果可以看到，虽然在程序中对余额做了判断，但仍然出现了透支的情况。原因就是在取款方法中，先检查余额是否足够，如果余额足够才取款，而有可能在查余额之后取款之前的这一小段时间里，另外一个人已经完成了一次取款，因而此时的余额发生了变化，但是当前线程却还以为余额是足够的。例如，张三查询余额时发现还有 100 块钱，正当他打算取钱但是还没有取时他的妻子已经把这 100 块钱取走了，可张三并不知道，所以他也去取钱便发生了透支的情况。在开发中，要避免这种情况的发生，就要使用线程同步。

4.3.2 线程同步的实现

当两个或多个线程需要访问同一资源时，需要以某种顺序来确保该资源在某一时刻只能被一个线程使用的方式称为线程同步。

采用同步来控制线程的执行有两种方式,即同步方法和同步代码块。这两种方式都使用 synchronized 关键字实现。

1. 同步方法

通过在方法声明中加入 synchronized 关键字来声明同步方法。

使用 synchronized 修饰的方法控制对类成员变量的访问。每个类实例对应一把锁,方法一旦执行,就独占该锁,直到该方法返回时才将锁释放,此后被阻塞的线程方能获得该锁,重新进入可执行状态。这种机制确保了同一时刻对应每一个实例,其所有声明为 synchronized 的方法只能有一个处于可执行状态,从而有效地避免了类成员变量的访问冲突。

同步方法的语法格式如下:
访问修饰符 synchronized 返回类型 方法名 {}
或者
synchronized 访问修饰符 返回类型 方法名 {}
- ➤ synchronized 是同步关键字。
- ➤ 访问修饰符是指 public、private 等。

○ 示例 8

使用同步方法的方式解决示例 7 的访问冲突问题。
关键代码:

```
// 取款
private synchronized void makeWithdrawal(int amt) {
    // 省略与示例 7 相同部分
}
```

输出结果如图 4.2 所示。

在示例 8 中,使用 synchronized 修饰取款方法 makeWithdrawal(),makeWithdrawal() 方法成为同步方法后,当一个线程已经在执行此方法时,这个线程就得到了当前对象的锁,该方法执行完毕以后才会释放这个锁,在它释放这个锁之前其他的线程是无法同时执行此对象的 makeWithdrawal() 方法的。这样就完成了对这个方法的同步。

同步方法的缺陷:

如果将一个运行时间比较长的方法声明成 synchronized 将会影响效率。例如,将线程中的 run() 方法声明成 synchronized,由于在线程的整个生命周期内它一直在运行,这样就有可能导致 run() 方法会执行很长时间,那么其他的线程就得一直等到 run() 方法结束了才能执行。

2. 同步代码块

同步代码块的语法格式如下:

```
synchronized(syncObject){
    // 需要同步访问控制的代码
}
```

synchronized 块中的代码必须获得对象 syncObject 的锁才能执行，具体实现机制与同步方法一样。由于可以针对任意代码块，且可任意指定上锁的对象，故灵活性较高。

➲ 示例 9

使用同步代码块的方式解决示例 7 的访问冲突问题。

关键代码：

```
// 取款
 private void makeWithdrawal(int amt) {
   synchronized (acct) {            // 同步查询和取款的代码块
     if (acct.getBalance()>=amt) {
       System.out.println(Thread.currentThread().getName()+" 准备取款 ");
       try {
        Thread.sleep(500);
       } catch(InterruptedException ex)  { }
     // 如果余额足够，则取款
     acct.withdraw(amt);
     System.out.println(Thread.currentThread().getName()
        +" 完成取款 ");
    } else {
    // 余额不足给出提示
     System.out.println(" 余额不足支付 "
        +Thread.currentThread().getName()
        +" 的取款，余额为 "+acct.getBalance());
    }
  }
}
```

输出结果如图 4.2 所示。

3. 死锁

多线程在使用同步机制时，存在"死锁"的潜在危险。如果多个线程都处于等待状态而无法唤醒时，就构成了死锁（Deadlock），此时处于等待状态的多个线程占用系统资源，但无法运行，因此不会释放自身的资源。

在编程时应注意死锁的问题，避免死锁的有效方法是：线程因某个条件未满足而受阻，不能让其继续占有资源；如果有多个对象需要互斥访问，应确定线程获得锁的顺序，并保证整个程序以相反的顺序释放锁。

至此，任务 3 已经全部完成。本任务通过线程同步解决了多线程中的数据完整性问题。

任务 4　通过线程间通信解决生产者消费者问题

关键步骤如下：

- ➢ 分析生产者消费者问题。
- ➢ 使用 3 种方法实现线程间通信。

4.4.1 线程间通信的必要性

在前面的介绍中，了解了多线程编程中使用同步机制的重要性，并介绍了如何通过同步来正确地访问共享资源。这些线程之间是相互独立的，并不存在任何的依赖关系。它们各自竞争 CPU 资源，互不相让，并且还无条件地阻止其他线程对共享资源的异步访问。然而，有很多现实问题要求不仅要同步地访问同一共享的资源，而且线程间还彼此牵制，相互通信。

在经典的生产者和消费者问题中，描述了如图 4.9 所示的情况。

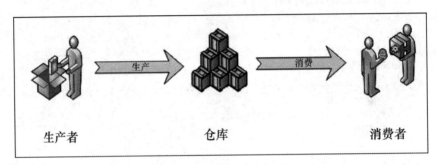

图 4.9 生产者消费者问题

显然这是一个线程同步的问题，生产者和消费者共享同一个资源，并且生产者和消费者之间是相互依赖的，如何来解决这个问题呢？使用线程同步可以阻止并发更新同一个共享资源，但是它不能用来实现不同线程之间的消息传递，要解决生产者消费者问题，需要使用线程通信。

4.4.2 在 Java 中实现线程间通信

Java 提供了如下 3 个方法实现线程之间的通信：
- wait() 方法：调用 wait() 方法会挂起当前线程，并释放共享资源的锁。
- notify() 方法：调用任意对象的 notify() 方法会在因调用该对象的 wait() 方法而阻塞的线程中随机选择一个线程解除阻塞，但要等到获得锁后才可真正执行。
- notifyAll() 方法：调用了 notifyAll() 方法会将因调用该对象的 wait() 方法而阻塞的所有线程一次性全部解除阻塞。

wait()、notify() 和 notifyAll() 这 3 个方法都是 Object 类中的 final 方法，被所有的类继承且不允许重写。这 3 个方法只能在同步方法或者同步代码块中使用，否则会抛出异常。

> **示例 10**

使用 wait() 方法和 notify() 方法实现线程间通信。

实现步骤：

（1）使用 wait() 方法挂起线程。

（2）使用 notify() 方法唤起线程。

关键代码：

```java
// 测试线程间通信
public class CommunicateThread implements Runnable{
    public static void main(String[] args) {
        CommunicateThread thread=new CommunicateThread();
        Thread ta=new Thread(thread," 线程 ta");
        Thread tb=new Thread(thread," 线程 tb");
        ta.start();
        tb.start();
    }
    // 同步 run() 方法
    synchronized public void run() {
        for(int i=0;i<5;i++){
            System.out.println(Thread.currentThread().getName()+i);
            if(i==2){
                try {
                    wait();          // 退出运行状态，放弃资源锁，进入到等待队列
                } catch (InterruptedException e) {
                    e.printStackTrace();
                }
            }
            if(i==1){
                notify();        // 从等待序列中唤起一个线程
            }
            if(i==4){
                notify();
            }
        }
    }
}
```

输出结果如图 4.10 所示。

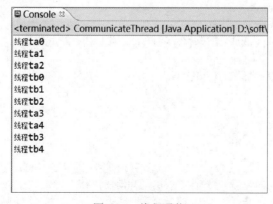

图 4.10　线程通信

示例 10 的执行过程分析如下：

1）在 main() 方法中启动线程 ta 和 tb。

2）由于 run() 方法加了同步，线程 ta 先执行 run() 方法，执行 for 循环输出 3 条数据。

3）当 i 等于 2 时，执行 wait() 方法，挂起当前线程，并释放共享资源的锁。

4）线程 tb 开始运行，执行 for 循环输出数据。

5）当 i 等于 1 时，调用 notify() 方法，从等待队列唤起一个线程。

6）ta 等待 tb 释放对象锁，当 i 等于 2 时，线程 tb 输出完 3 行数据后执行 wait() 方法，挂起线程，释放对象锁。

7）线程 ta 获得对象锁继续执行输出操作。

8）当 i 等于 4 时，调用 notify() 方法唤起线程 tb。

9）当 ta 执行完 run() 方法后释放对象锁，tb 获得对象锁继续执行打印操作直至结束。

⊃ 示例 11

使用线程通信解决生产者消费者问题。

实现步骤：

（1）定义共享资源类。

（2）定义生产者线程类。

（3）定义消费者线程类。

（4）定义测试类。

关键代码：

```java
// 共享资源类
class SharedData{
    private char c;
    private boolean isProduced=false;        // 信号量
    // 同步方法 putShareChar()
    public synchronized void putShareChar(char c) {
        // 如果产品还未消费，则生产者等待
        if (isProduced) {
            try{
                System.out.println(" 消费者还未消费，因此生产者停止生产.");
                wait();                       // 生产者等待
            } catch (InterruptedException e) {
                e.printStackTrace();
            }
        }
        this.c=c;
        isProduced=true;                     // 标记已经生产
        notify();                            // 通知消费者已经生产，可以消费
        System.out.println(" 生产了产品 "+c+" 通知消费者消费 ...");
    }
    // 同步方法 getShareChar()
```

```java
        public synchronized char getShareChar() {
            // 如果产品还未生产，则消费者等待
            if (!isProduced){
                try{
                    System.out.println(" 生产者还未生产，因此消费者停止消费 ");
                    wait();                           // 消费者等待
                } catch (InterruptedException e) {
                    e.printStackTrace();
                }
            }
            isProduced=false;                         // 标记已经消费
            notify();                                 // 通知需要生产
            System.out.println(" 消费者消费了产品 "+c+" 通知生产者生产 ...");
            return this.c;
        }
}
// 生产者线程类
class Producer extends Thread {
    private SharedData s;
    Producer(SharedData s){
        this.s=s;
    }
    public void run(){
        for (char ch='A'; ch<='D'; ch++){
            try{
                Thread.sleep((int) (Math.random() * 3000));
            } catch (InterruptedException e) {
                e.printStackTrace();
            }
            s.putShareChar(ch);                       // 将产品放入仓库
        }
    }
}
// 消费者线程类
class Consumer extends Thread {
    private SharedData s;
    Consumer(SharedData s){
        this.s=s;
    }
    public void run(){
        char ch;
        do {
            try{
                Thread.sleep((int)(Math.random()*3000));
            } catch (InterruptedException e) {
                e.printStackTrace();
            }
            ch=s.getShareChar();                      // 从仓库中取出产品
        } while(ch!='D');
    }
```

```
}
// 测试类
class CommunicationDemo{
    public static void main(String[] args){
        // 共享同一个资源
        SharedData s=new SharedData();
        // 消费者线程
        new Consumer(s).start();
        // 生产者线程
        new Producer(s).start();
    }
}
```

输出结果如图 4.11 所示。

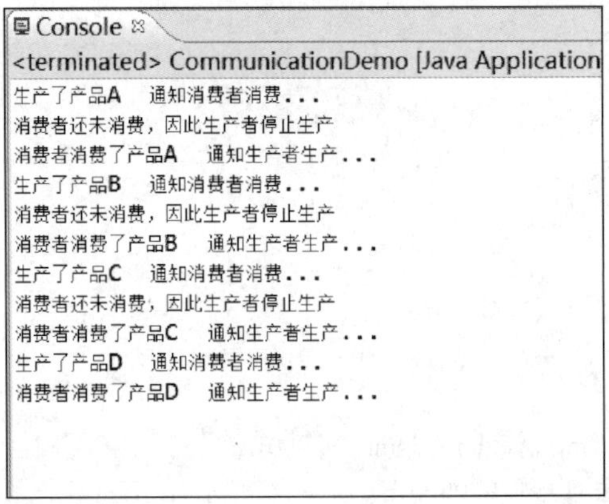

```
生产了产品A    通知消费者消费...
消费者还未消费，因此生产者停止生产
消费者消费了产品A    通知生产者生产...
生产了产品B    通知消费者消费...
消费者还未消费，因此生产者停止生产
消费者消费了产品B    通知生产者生产...
生产了产品C    通知消费者消费...
消费者还未消费，因此生产者停止生产
消费者消费了产品C    通知生产者生产...
生产了产品D    通知消费者消费...
消费者消费了产品D    通知生产者生产...
```

图 4.11 解决生产者消费者问题

在示例 11 中，首先启动的是消费者线程，此时生产者线程还没有启动，也就是说此时消费者没有产品可以消费，所以消费者线程只能等待。在生产者生产了产品 A 以后就通知消费者过来消费，消费者线程停止等待，到仓库中领取产品进行消费。而当生产者如果发现消费者还没有把上次生产的产品消费掉时它就停止生产，并通知消费者消费。当消费者消费了产品以后便通知生产者继续生产。

至此，任务 4 已经全部完成。大家需要亲自动手来实现一下，以便理解线程通信的过程和原理。

本章总结

本章学习了以下知识点：

➢ java.lang 包下提供了 3 种标准的注解类型，称为内建注解，分别是 @Override 注解、@Deprecated 注解以及 @SuppressWarnings 注解。

➢ java.lang.annotation 包提供了 4 种元注解，用来修饰其他的注解定义。分别是 @Target 注解、@Retention 注解、@Documented 注解以及 @Inherited 注解。

- 线程是进程中执行运算的最小单位。一个进程在其执行过程中可以产生多个线程,而线程必须在某个进程内执行。
- 定义一个线程类通常有两种方法,分别是继承 java.lang.Thread 类和实现 java.lang.Runnable 接口。
- 线程有新生、可运行、阻塞、死亡 4 种状态。
- 线程的优先级用 1 ~ 10 表示,10 表示优先级最高,默认值是 5。每个优先级对应一个 Thread 类的公用静态常量。
- 使用 join() 方法、sleep() 方法、yield() 方法可以改变线程的状态。
- 线程同步有两种方式,即同步方法和同步代码块。这两种方式都使用 synchronized 关键字来实现。
- Java 提供了 3 个方法来实现线程之间的通信,即 wait() 方法、notify() 方法和 notifyAll() 方法。

本章练习

1. 在 Java 应用程序中,请使用两个线程分别输出 100 以内的奇数和偶数,并按从小到大的顺序输出。

2. 员工张三有两个主管,主管 A 和主管 B 经常会根据张三的表现给他调工资,有可能增加或减少。试用两个线程来执行主管 A 和主管 B 给张三调工资的工作,请使用线程同步解决数据完整性问题。

3. 编写 Java 程序,使用 JDK 5.0 的注解特性并实现方法的重写。

随手笔记

第 5 章

网络编程技术

▶ 本章重点

- ※ IP 地址的组成和分类
- ※ Socket 通信原理
- ※ Socket 类的使用
- ※ ServerSocket 类的使用
- ※ InetAddress 类中方法的使用
- ※ JUnit 测试框架的构成

▶ 本章目标

- ※ TCP/IP 协议
- ※ Socket 类的使用
- ※ ServerSocket 类的使用
- ※ JUnit 4.x 中的注解
- ※ JUnit 4.x 测试框架的搭建

 **本章任务**

学习本章,需要完成以下 4 个工作任务。请记录学习过程中所遇到的问题,可以通过自己的努力或访问 kgc.cn 解决。

任务 1:查看本机的 IP 地址

通过命令查看本机的 IP 地址。

任务 2:使用基于 TCP 协议的 Socket 编程模拟实现用户登录功能

使用基于 TCP 协议的 Socket 编程模拟搭建客户端以及服务器端,并实现客户端用户登录功能,服务器端接收并输出登录的用户信息,客户端接收并输出服务器端响应。如图 5.1 所示为本任务的运行效果。

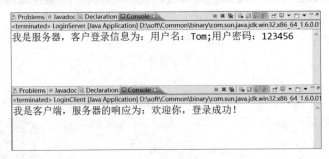

图 5.1 用户登录

任务 3:使用基于 UDP 协议的 Socket 编程模拟实现客户咨询功能

使用基于 UDP 协议的 Socket 编程模拟在线客服系统的客户咨询,并实现客户端与服务器端之间的信息交流。如图 5.2 所示为本任务的运行效果。

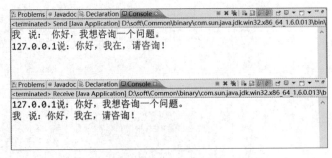

图 5.2 在线客服系统

任务 4:搭建 JUnit 测试框架

在本机搭建 JUnit 3.x 测试框架(.x 代表版本),并实现测试断言,对比搭建 JUnit 4.x 测试框架,实现测试断言。

任务 1　查看本机的 IP 地址

关键步骤如下：
➢ 打开命令提示窗口。
➢ 输入命令查看本机的 IP 地址。

5.1.1　网络概述

当今社会，大家对"网上购物""网络支付""移动互联网""互联网+"等名词一定不再陌生，因为互联网技术已经渗透到生活的方方面面：从手写的书信到快捷的电子邮件，从面对面交易到足不出户的网上交易，从圆桌会议到视频会谈，从烦琐的资料查找到便捷地搜索……如果没有了计算机网络，世界将陷入瘫痪。

的确，人们生活在一个便捷的"网络时代"。但是，网络到底是什么？它是如何组建并为人们提供服务的呢？这一章将回答这些问题。下面，赶快进入网络的精彩世界吧！

1. 网络的概念和分类

简单来说，网络就是连接在一起共享数据和资源的一组计算机。

分布在不同地理区域的计算机与专门的外部设备通过通信线路互连在一起，形成一个规模大、功能强的网络系统，从而使众多的计算机可以方便地互相传递信息、共享信息资源，如图 5.3 所示。

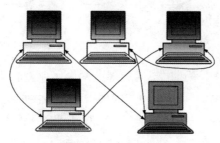

图 5.3　计算机网络

计算机网络旨在实现数据通信。数据可以有多种形式，如文本、图片或声音。进行数据通信的两台计算机可以相距很近（如同一间办公室），也可以在地理位置上相隔很远（如不同的国家）。

按照地理覆盖范围，计算机网络可以划分为局域网、城域网和广域网。

（1）局域网

局域网（LAN）局限在小的地理区域内或单独的建筑物内，被用于连接公司办公室、实验室或工厂里的个人计算机和工作站。如图 5.4 所示为一个办公室局域网。

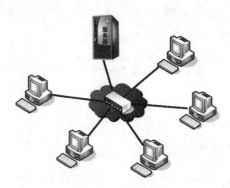

图 5.4 局域网

(2) 城域网

城域网（MAN）覆盖城市或城镇内的广大地理区域，是在一个城市范围内所建立的计算机通信网。例如，一个大学不同校区的计算机相互连接，以及位于不同区域的银行机构提供的相互间的网络通信都形成了一个城域网。如图 5.5 所示为一个教育城域网。

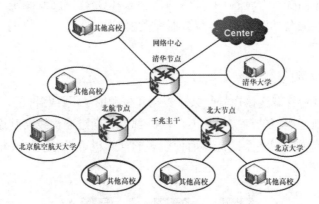

图 5.5 城域网

(3) 广域网

广域网（WAN）是在一个更广泛的地理范围内所建立的计算机通信网，其范围可以超越城市和国家以至全球，因而对通信的要求及复杂性都比较高。

如图 5.6 所示，网络将多个终端系统（如 A、C、H 和 K）和多个中间系统（如 B、D、E、F、G、I 和 J）连接起来，通过该网络可实现终端系统间的数据通信。这些终端系统可以是单个计算机或局域网。

2．网络分层模型

如同一个公司的组织架构一样，网络上的信息传递，也是由不同的层级负责不同的工作任务。但由于各个计算机厂商都采用私有的网络模型，这会给通信带来诸多麻烦，国际标准化组织（International Standard Organization，ISO）于 1984 年颁布了开放系统互连（Open System Interconnection，OSI）参考模型。OSI 参考模型是一个开放式体系结构，它规定将网络分为七层，每一层在网络信息传递中都发挥不同的作用。如

表 5-1 列举了 OSI 模型中每层的功能。

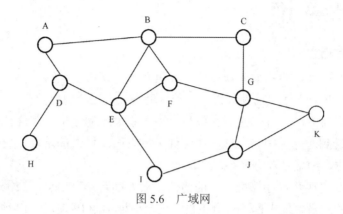

图 5.6 广域网

表 5-1 OSI 参考模型

分 层	功 能
应用层	网络服务和最终用户的接口
表示层	数据的表示、安全和压缩
会话层	建立、管理和终止会话
传输层	定义传输数据的协议端口号，流量控制和差错恢复
网络层	进行逻辑地址寻址，实现不同网络之间的路径选择
数据链路层	建立逻辑连接，进行硬件地址寻址，差错校验等功能
物理层	建立、维护、断开物理连接

另外一个著名的模型是 TCP/IP 模型。TCP/IP 是传输控制协议 / 网络互联协议（Transmission Control Protocol/Internet Protocol）的简称。早期的 TCP/IP 模型是四层结构。在后来的使用过程中，借鉴 OSI 的七层参考模型，将网络接口层划分为物理层和数据链路层，形成新的五层结构。TCP/IP 模型前四层与 OSI 参考模型的前四层相对应，其功能也非常类似，而应用层则与 OSI 参考模型的最高三层相对应，如图 5.7 所示。

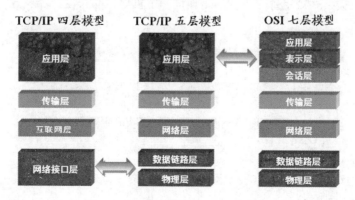

图 5.7 OSI 参考模型与 TCP/IP 模型

5.1.2 IP 地址介绍

1. IP 地址概述

网络如此之庞大，要将如此众多的计算机互连，使信息获得共享，如何在网络中找到目标计算机呢？下面以信件邮寄的过程为例来分析这个问题。

首先要知道对方的地址，然后在信封上写明收件人的地址，邮递员就能根据地址将信件正确地送到对方手中。另外，在邮件末尾写明发件人的地址，对方就可以根据地址回信。可见，地址是双方联系的关键要素。

类似地，要实现两台计算机之间的通信，双方都要具有地址。在网络中使用一种具有层次结构的逻辑地址来标识一台主机，这个地址称为 IP 地址。IP 地址用来唯一标识网络中的每一台计算机。

IP 地址目前存在 IPv4 和 IPv6 两种标准。

2. IP 地址的组成和分类

（1）IP 地址的组成

IPv4 IP 地址有 32 位，由 4 个 8 位的二进制数组成，每 8 位之间用圆点隔开，如 11000000.10101000.00000010.00010100。由于二进制不便记忆且可读性较差，所以通常都把二进制转换成十进制数表示，如 196.168.2.20。因此，一个 IP 地址通常由用 3 个点分开的十进制数表示，称为点分十进制。

IPv6 地址有 128 位，由 8 个 16 位的无符号整数组成，每个整数用四个十六进制位表示，这些数之间用冒号（：）分开。例如：3ffe:3201:1401:1280:c8ff:fe4d:db39:1988

（2）IP 地址的分类

IP 地址包含网络地址和主机地址两部分。其中，网络地址决定了可以分配的最大网络数，主机地址决定了一个网络中可以存在的计算机的最大数量。

IP 地址的网络地址由互联网数字分配机构（The Internet Assigned Numbers Authority，IANA）统一分配，以保证 IP 地址的唯一性。IANA 将 IP 地址分为 A、B、C、D、E 共五类，并规定每个类别网络地址和主机地址的长度，如图 5.8 所示。

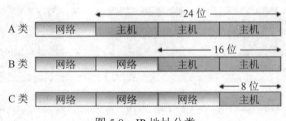

图 5.8　IP 地址分类

A 类 IP 地址：第一组数字表示网络地址，其余三位表示主机地址。A 类地址的有效网络范围为 1～126。

B 类 IP 地址：前二组数字表示网络地址，其余两位表示主机地址。B 类地址的有效网络范围为 128～191。

C 类 IP 地址：前三组数字表示网络地址，其余一位表示主机地址。C 类地址的有效网络范围为 192～223。

D 类 IP 地址：不分网络地址和主机地址，用于组播通信，不能在互联网上作为节点地址使用。D 类地址的范围为 224～239。

E 类 IP 地址：不分网络地址和主机地址，用于科学研究的地址，也不能在互联网上作为节点地址使用。E 类地址的范围为 240～254。

除此之外，还有一些特殊的 IP 地址，例如：

0.0.0.0：表示本机。

127.0.0.1：表示本机回环地址，通常用在本机上 ping 此地址来检查 TCP/IP 协议安装是否正确（ping 命令将在下面进行说明）。

255.255.255.255：表示当前子网，一般用于向当前子网广播信息。

3．IP 地址的配置和检测

为了使一台计算机接入网络，除了必备的网络设备之外，还要进行相应的 TCP/IP 设置。

可按如下步骤配置 TCP/IP：

（1）打开"控制面板"窗口，双击"网络连接"图标。

（2）双击"本地连接"图标，打开"本地连接 状态"对话框，如图 5.9 所示。

图 5.9 "本地连接 状态"对话框

（3）单击"属性"按钮，打开"本地连接 属性"对话框，如图 5.10 所示。

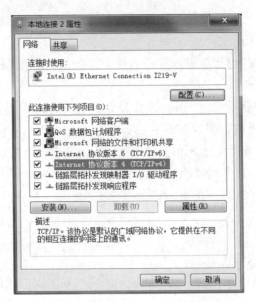

图 5.10 "本地连接 属性"对话框

（4）勾选"Internet 协议版本 4（TCP/IPv4）"复选框并单击"属性"按钮，打开"Internet 协议版本 4（TCP/IPv4）属性"对话框，如图 5.11 所示。

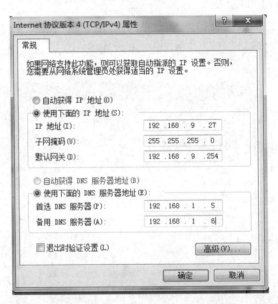

图 5.11 "TCP/IP 协议版本 4（TCP/IPv4）属性"对话框

（5）选中"使用下面的 IP 地址"单选按钮并输入 IP 地址、子网掩码和默认网关（你的网络中连接到其他网络的计算机或路由器），如图 5.11 所示。

（6）选中"使用下面的 DNS 服务器地址"单选按钮并输入 DNS 地址，如图 5.11 所示。

（7）单击"确定"按钮完成设置。

🔔 **注意**：

实际应用中，在配置局域网（支持 DHCP 服务）中计算机的 IP 地址时，为了避免人为输入产生地址冲突的错误，通常选中"自动获得 IP 地址"单选按钮。

设置了 IP 地址之后，可能出现网络连接不通的故障，怎么检测呢？这里就需要使用几个经典的 DOS 命令了。

首先，使用 ipconfig 命令查看本机的 IP 地址、子网掩码、默认网关等信息，判断 TCP/IP 属性是否设置正确，如图 5.12 所示。

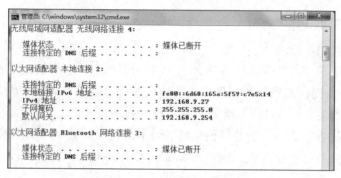

图 5.12　ipconfig 命令的输出结果

然后，使用 ping 命令测试网络是否通畅，检测故障原因。

ping 命令的语法格式如下：

ping 目标 IP 地址

例如，ping 本机回环地址，检测 IP 设置是否正确，如图 5.13 所示。

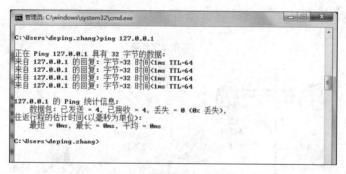

图 5.13　ping 本机回环地址的输出结果

另外，可以 ping 默认网关的 IP 地址来检验连接是否通畅，ping 某一远程计算机来测试是否可以与远程主机正常通信。

最后，根据检查结果排除故障。例如，修改 IP 地址，检查网线、网络适配器（简称网卡）是否松动或接触不良等。

至此，任务 1 已经全部完成，自己动手试试看吧。

5.1.3 网络相关的重要概念及作用

完成了任务1，对于网络编程的基础知识掌握还不够，还需要了解以下几个重要概念。

1. 端口

网络中的一台计算机通常可以使用多个进程同时提供网络服务。因此除了IP地址，每台主机还有若干个端口号，用于在收发数据时区分该数据发给哪个进程或者是从哪个进程发出的。端口是计算机与外界通信的入口和出口，它是一个16位的整数，范围是 $0 \sim 65535$（$2^{16}-1$）。在同一台主机上，任何两个进程不能同时使用同一个端口。

2. 域名与DNS域名解析

前面已经提到，IP地址用来唯一定位一台计算机，也就是说只有通过IP地址才能找到一个网络中的主机。那么，为什么在上网时轻松地输入网址，就能够获得这个远程的Web服务器提供的资源呢？例如，为什么在浏览器的地址栏中输入www.taobao.com就能进入"淘宝"网站呢？难道它没有IP地址吗？

答案当然是否定的。人们希望记忆名字而不是枯燥的数字，因此就需要一个系统将一个名称映射为它的IP地址。DNS（Domain Name System，域名系统）被广泛使用，用于将域名（如taobao.com）映射成IP地址。

DNS服务器是如何解析域名的呢？如图5.14所示，在浏览器中输入域名www.taobao.com，主机在向www.taobao.com发出请求之前要先知道它的IP地址。主机会调用域名解析程序，向设定的DNS服务器发送信息，请求获得www.taobao.com的IP地址，如果本地DNS服务器没有存储相应的信息，它会发送信息到根DNS服务器获得.com DNS服务器的IP，然后向.com DNS服务器发送查询请求获得taobao.com DNS服务器的IP地址，最终获得www.taobao.com的IP地址。

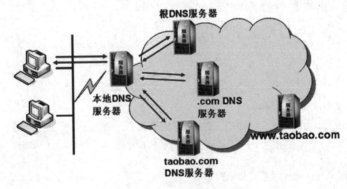

图5.14 DNS域名解析过程

3. 网络服务器

网络服务器通常指在网络环境下，具有较高计算能力，能够提供用户特殊服务功能的计算机,下面简单介绍下目前常用的几种网络服务器。

(1)邮件服务器

邮件服务器是一种用来负责电子邮件收发管理的设备。邮件服务器构成了电子邮件系统的核心,负责网络中电子邮件的定位和收发管理工作。它的工作遵循一定的工作协议,通过对这些协议的遵守,世界各地的邮件服务器才能统一工作,共同管理网络中庞大的电子邮件的传送。

(2)Web 服务器

Web 服务器也称为 WWW 服务器,主要功能是提供网上信息浏览服务。Web 服务器不仅能够存储信息,还能通过 Web 浏览器为用户在提供信息的基础上运行脚本和程序。下面介绍几种常用的 Web 服务器。

1)Microsoft IIS

Microsoft 的 Web 服务器产品为 Internet Information Server(IIS),IIS 是允许在公共 Intranet 或 Internet 上发布信息的 Web 服务器。IIS 是目前最流行的 Web 服务器产品之一,很多著名的网站都是建立在 IIS 的平台上。IIS 提供了一个图形界面的管理工具,称为 Internet 服务管理器,可用于监视配置和控制 Internet 服务。

2)Apache 服务器

Apache 仍然是世界上用得最多的 Web 服务器。它的成功之处主要在于它的源代码开放、有一支开放的开发队伍、支持跨平台的应用(可以运行在绝大多数的 UNIX、Windows、Linux 操作系统平台上)以及它的可移植性等方面。

3)Tomcat 服务器

Tomcat 是一个开放源代码、运行 Servlet 和 JSP Web 应用软件的基于 Java 的 Web 应用服务器。Tomcat Server 是根据 Servlet 和 JSP 规范执行的,因此可以说 Tomcat Server 也遵行了 Apache-Jakarta 规范且比绝大多数商业应用软件服务器要好用。Tomcat 是基于 Apache 许可证下开发的自由软件,因此目前许多 Web 服务器都是采用 Tomcat。

另外,还有原 IBM 的 WebSphere、BEA 的 WebLogic 等,也是市面上比较常见的 Web 服务器。

4. 网络通信协议

网络通信协议是为了在网络中不同的计算机之间进行通信而建立的规则、标准或约定的集合。它规定了网络通信时,数据必须采用的格式以及这些格式的意义。就好像人们在交谈时约定都使用英语或都使用普通话一样。在网络编程时,常用的网络协议有以下几种。

(1)TCP/IP 协议族

TCP/IP 是 Transmission Control Protocol/Internet Protocol 的简称。它是用于计算机网络通信的协议集,即协议族。该协议族是 Internet 最基本的协议,它不依赖于任何特定的计算机硬件或操作系统,提供开放的协议标准。目前,绝大多数的网络操作系统都提供对该协议族的支持,它已经成为 Internet 的标准协议。TCP/IP 协议族包括诸如 IP 协议、TCP 协议、UDP 协议和 ARP 协议等诸多协议，其核心协议是 IP 协议和 TCP 协议，所以有时将 TCP/IP 协议族简称为 TCP/IP 协议。

（2）TCP 协议

TCP 是 Transmission Control Protocol 的简称，中文名称为传输控制协议。TCP 是一种面向连接的、可靠的、基于字节流的传输层通信协议。TCP 要求通信双方必须建立连接之后才开始通信，通信双方可以同时进行数据传输，它是全双工的，从而保证了数据的正确传送。

（3）UDP 协议

UDP 是 User Datagram Protocol 的简称，中文名称为用户数据报协议。UDP 协议是一个无连接协议，在传输数据之前，客户端和服务器并不建立和维护连接。UDP 协议的主要作用是把网络通信的数据压缩为数据报的形式。

任务 2　使用基于 TCP 协议的 Socket 编程模拟实现用户登录功能

关键步骤如下：
- 两个端点进行连接。
- 打开传递信息的输入 / 输出流。
- 传递数据、接收数据。
- 关闭连接。

5.2.1　Socket 简介

1. Socket 概述

Java 最初是作为网络编程语言出现的，它对网络的高度支持，使得客户端和服务器流畅的沟通变成现实。而在网络编程中，使用最多的就是 Socket，每一个实用的网络程序都少不了它的参与。那么到底什么是 Socket 呢？

在计算机网络编程技术中，两个进程，或者说两台计算机可以通过一个网络通信连接实现数据的交换，这种通信链路的端点就被称为"套接字"（英文名称也就是 Socket），Socket 是网络驱动层提供给应用程序的接口或者说一种机制。举一个物流送快递的例子来说明 Socket，发件人将写有收货人地址信息的货物送到快递站，发件人不用关心物流是如何进行的，货物被送到收货人所在地区的快递站点，进行配送，收货人等待收货就可以了，这个过程很形象地说明了信息在网络中传递的过程。其中，货物就是数据信息，2 个快递站点就是 2 个端点 Socket。信息如何在网络中寻址传递，应用程序并不用关心，只负责准备发送数据和接收数据即可。

2. Socket 通信原理

对于编程人员来说，无须了解 Socket 底层机制是如何传送数据的，而是直接将数据提交给 Socket，Socket 会根据应用程序提供的相关信息，通过一系列计算，绑定 IP 及信息数据，将数据交给驱动程序向网络上发送出去。如图 5.15 所示是 Socket 通信过程。

Socket 的底层机制非常复杂，Java 平台提供了一些虽然简单但是相当强大的类，可以更简单有效地使用 Socket 开发通信程序而无须了解底层机制。

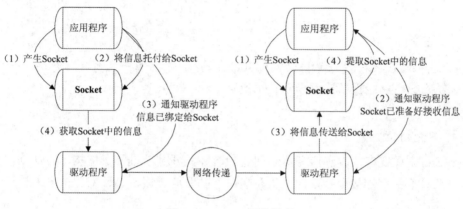

图 5.15　Socket 通信原理

3. java.net 包

java.net 包提供了若干支持基于套接字的客户端/服务器通信的类。

java.net 包中常用的类有 Socket、ServerSocket、DatagramPacket、DatagramSocket、InetAddress、URL、URLConnection 和 URLEncoder 等。

为了监听客户端的连接请求，可以使用 ServerSocket 类。Socket 类实现用于网络上进程间通信的套接字。DatagramSocket 类使用 UDP 协议实现客户端和服务器套接字。DatagramPacket 类使用 DatagramSocket 类的对象封装设置和收到的数据报。InetAddress 类表示 Internet 地址。在创建数据报报文和 Socket 对象时，可以使用 InetAddress 类。接下来将详细阐述这些类的使用。

5.2.2　基于 TCP 协议的 Socket 编程

java.net 包的两个类 Socket 和 ServerSocket，分别用来实现双向安全连接的客户端和服务器端，它们是基于 TCP 协议进行工作的，它的工作过程如同打电话的过程，只有双方都接通了，才能开始通话。

进行网络通信时，Socket 需要借助数据流来完成数据的传递工作。如果一个应用程序要通过网络向另一个应用程序发送数据，只要简单地创建 Socket，然后将数据写入到与该 Socket 关联的输出流即可。对应的，接收方的应用程序创建 Socket，从相关联的输入流读取数据即可。Socket 通信模型如图 5.16 所示。

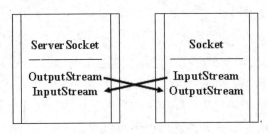

图 5.16 Socket 通信模型

> **注意：**
> 2 个端点在基于 TCP 协议编程 Socket 编程中，经常一个作为客户端，一个作为服务器端，也就是 client-server 模型。

1. Socket 类

Socket 对象在客户端和服务器之间建立连接。可用 Socket 类的构造方法创建套接字，并将此套接字连接至指定的主机和端口。以下是与此 Socket 对象关联的构造方法和一些常用方法。

（1）构造方法

第一种构造方法以主机名和端口号作为参数来创建一个 Socket 对象。创建 Socket 对象时可能抛出 UnknownHostException 或 IOException 异常，必须捕获它们。

Socket s=new Socket (hostName, port);

另一种构造方法以 InetAddress 对象和端口号作为参数来创建一个 Socket 对象。构造方法可能抛出 IOException 或 UnknownHostException 异常，必须捕获并处理它们。

Socket s=new Socket(address, port);

（2）常用方法

Socket 类常用的方法如表 5-2 所示。

表 5-2 Socket 类的常用方法

方 法	说 明
InetAddress getInetAddress()	返回与 Socket 对象关联的 InetAddress
int getPort()	返回此 Socket 对象所连接的远程端口
int getLocalPort()	返回此 Socket 对象所连接的本地端口
InputStream getInputStream()	返回与此套接字关联的 InputStream
OutputStream getOutputStream()	返回与此套接字关联的 OutputStream
void close()	关闭该 Socket

2. ServerSocket 类

ServerSocket 对象等待客户端建立连接，连接建立以后进行通信。

（1）构造方法

可用的构造方法有两种。第一种构造方法接受端口号作为参数创建 ServerSocket 对象。创建此对象时可能抛出 IOException 异常，必须捕获和处理它。

ServerSocket ss=new ServerSocket(port);

另一种构造方法接受端口号和最大队列长度作为参数。队列长度表示系统在拒绝连接前可以拥有的最大客户端连接数。

ServerSocket ss=new ServerSocket(port, maxqu);

（2）常用方法

Socket 类中列出的常用方法也适用于 ServerSocket 类。此外，ServerSocket 类具有 accept() 方法，此方法用于等待客户端发起通信，这样 Socket 对象就可用于进一步的数据传输。

5.2.3 使用 Socket 编程实现用户登录

1. 实现单用户登录

Socket 网络编程一般分成如下 4 个步骤进行：

（1）建立连接。

（2）打开 Socket 关联的输入 / 输出流。

（3）从数据流中写入信息和读取信息。

（4）关闭所有的数据流和 Socket。

接下来，就通过使用这两个类模拟实现用户登录的功能，实现客户端向服务器端发送登录用户信息，服务器端显示这些信息。

◎ 示例 1

模拟用户登录的功能，实现客户端发送登录用户信息，服务器端显示登录信息并响应给客户端登录成功。

客户端实现步骤：

1）建立连接，连接指向服务器及端口。

2）打开 Socket 关联的输入 / 输出流。

3）向输出流中写入信息。

4）从输入流中读取响应信息。

5）关闭所有的数据流和 Socket。

客户端关键代码：

```
// 建立客户端 Socket 连接，指定服务器的位置为本机以及端口为 8800
Socket socket=new Socket("localhost",8800);
// 打开输入 / 输出流
OutputStream os=socket.getOutputStream();
InputStream is=socket.getInputStream();
// 发送客户端登录信息，即向输出流写入信息
```

```
String info=" 用户名：Tom; 用户密码：123456";
os.write(info.getBytes());
socket.shutdownOutput();
// 接收服务器端的响应，即从输入流中读取信息
String reply=null;
BufferedReader br=new BufferedReader(new InputStreamReader(is));
while(!((reply=br.readLine())==null)){
    System.out.println(" 我是客户端，服务器的响应为："+reply);
}
// 关闭资源
......
```

服务器端实现步骤：

1）建立连接，监听端口。

2）使用 accept() 方法等待客户端发起通信

3）打开 Socket 关联的输入 / 输出流。

4）向输出流中写入信息。

5）从输入流中读取响应信息。

6）关闭所有的数据流和 Socket。

服务器端关键代码：

```
// 建立一个服务器 Socket(ServerSocket)，指定端口 8800 并开始监听
ServerSocket serverSocket=new ServerSocket(8800);
// 使用 accept() 方法等待客户端发起通信
Socket socket=serverSocket.accept();
// 打开输入 / 输出流
InputStream is=socket.getInputStream();
OutputStream os=socket.getOutputStream();
// 获取客户端信息，即从输入流读取信息
BufferedReader br=new BufferedReader(new InputStreamReader(is));
String info=null;
while(!((info=br.readLine())==null)){
    System.out.println(" 我是服务器，客户登录信息为："+info);
}
// 给客户端一个响应，即向输出流中写入信息
String reply=" 欢迎你，登录成功 !";
os.write(reply.getBytes());
// 关闭资源
......
```

输出结果如图 5.1 所示。

在示例 1 中，传递的数据均采用字符串的形式，而 Java 语言是面向对象的，如何在 Socket 中实现对象的传递呢？下面的示例 2 将升级示例 1，把字符串的数据修改为对象来传递。注意关键代码部分标粗的位置，表示代码修改的地方。

○ 示例 2

升级示例 1，实现传递对象信息。

实体类关键代码：

```java
import java.io.Serializable;
public class User implements Serializable{
    private String loginName;      //用户名
    private String pwd;             //用户密码
    public User() {
    }
    public User(String loginName, String pwd) {
        super();
        this.loginName=loginName;
        this.pwd=pwd;
    }
    // 省略 getter/setter 方法
    ……
}
```

客户端关键代码：

```java
// 建立客户端 Socket 连接，指定服务器的位置以及端口
Socket socket=new Socket("localhost",8800);
// 打开输入/输出流
OutputStream os=socket.getOutputStream();
InputStream is=socket.getInputStream();
// 对象序列化
ObjectOutputStream oos=new ObjectOutputStream(os);
// 发送客户端登录信息，即向输出流中写入信息
User user=new User();
user.setLoginName("Tom");
user.setPwd("123456");
oos.writeObject(user);
socket.shutdownOutput();
// 接收服务器端的响应，即从输入流中读取信息
……
// 关闭资源
……
```

服务器端关键代码：

```java
// 建立一个服务器 Socket（ServerSocket），指定端口并开始监听
ServerSocket serverSocket=new ServerSocket(8800);
// 使用 accept() 方法等待客户端发起通信
Socket socket=serverSocket.accept();
// 打开输入/输出流
InputStream is=socket.getInputStream();
OutputStream os=socket.getOutputStream();
// 反序列化
ObjectInputStream ois=new ObjectInputStream(is);
// 获取客户端信息，即从输入流中读取信息
User user=(User)ois.readObject();
if(!(user==null)){
    System.out.println(" 我是服务器，客户登录信息为："+user.getLoginName()+", "+
```

```
            user.getPwd());
}
// 给客户端一个响应，即向输出流中写入信息
……
// 关闭资源
……
```

示例 1 和示例 2 基本完成了客户端和服务器端的交互，采用一问一答的模式，先启动服务器进入监听状态，等待客户端的连接请求，连接成功以后，客户端先"发言"，服务器给予"回应"。

2. 实现多客户端用户登录

这样一问一答的模式在现实中显然不是人们想要的。一个服务器端不可能只针对一个客户端服务，一般是面向很多的客户端同时提供服务，但是单线程实现必然是这样的结果。解决这个问题的办法是采用多线程的方式，可以在服务器端创建一个专门负责监听的应用主服务程序、一个专门负责响应的线程程序。这样就可以利用多线程处理多个请求。

下面仍以用户登录为例来介绍如何处理多客户端的请求。

⇨ 示例3

升级示例2，实现多客户端的响应处理。

分析：

（1）创建服务器端线程类，run() 方法中实现对一个请求的响应处理。

（2）修改服务器端代码，让服务器端 Socket 一直处于监听状态。

（3）服务器端每监听到一个请求，创建一个线程对象并启动。

线程类关键代码：

```
public class LoginThread extends Thread {
  Socket socket=null;
  // 每启动一个线程，连接对应的 Socket
  public LoginThread(Socket socket){
     this.socket=socket;
  }
  // 启动线程，即响应客户请求
  public void run(){
     try {
        // 打开输入/输出流
        // 反序列化
        // 获取客户端信息，即从输入流中读取信息
        // 给客户端一个响应，即向输出流中写入信息
        // 关闭资源
        ……
     } ……
  }
}
```

服务器端关键代码：
// 建立一个服务器 Socket（ServerSocket）指定端口并开始监听
ServerSocket serverSocket=new ServerSocket(8800);
// 使用 accept() 方法等待客户端发起通信
Socket socket=null;
// 监听一直进行中
while(true){
　socket=serverSocket.accept();
　LoginThread LoginThread=new LoginThread(socket);
　LoginThread.start();
}
创建多个客户端程序，启动运行。
输出结果如图 5.17 所示。

图 5.17　多客户端用户登录

至此，任务 2 已经基本可以完成了。接下来，再来学习另外一个重要的类。

3．InetAddress 类

java.net 包中的 InetAddress 类用于封装 IP 地址和 DNS。要创建 InetAddress 类的实例，可以使用工厂方法，因为此类没有可用的构造方法。表 5-3 中列出了常用的工厂方法。

表 5-3　InetAddress 类中的工厂方法

方　　法	说　　明
static InetAddress getLocalHost()	返回表示本地主机的 InetAddress 对象
static InetAddress getByName(String hostName)	返回指定主机名为 hostName 的 InetAddress 对象
static InetAddress[] getAllByName(String hostName)	返回主机名为 hostName 的所有可能的 InetAddress 对象组

如果找不到主机，两种方法都将抛出 UnknownHostNameException 异常。
下面通过示例 4 学习 InetAddress 类的用法。

◆ 示例 4．

输出本地主机的地址信息。

关键代码：
```
class InetAddressTest {
  public static void main(String args[]) {
    try {
      InetAddress add=InetAddress.getLocalHost();
      System.out.println(" 本地主机的地址是： "+add);
    }
    catch (UnknownHostException u) {}
  }
}
```

任务 3　使用基于 UDP 协议的 Socket 编程模拟实现客户咨询功能

关键步骤如下：
- 利用 DatagramPacket 对象封装数据包。
- 利用 DatagramSocket 对象发送数据包。
- 利用 DatagramSocket 对象接收数据包。
- 利用 DatagramPacket 对象处理数据包。

5.3.1　基于 UDP 协议的 Socket 编程

基于 TCP 的网络通信是安全的，是双向的，如同拨打 10086 服务电话，需要先有服务端，建立双向连接后，才开始数据通信，而 UDP 的网络通信就不一样了，只需要指明对方地址，然后将数据送出去，并不会事先连接。这样的网络通信是不安全的，所以应用在如聊天系统、咨询系统等场合下。

在开始学习基于 UDP 协议的网络通信之前，先了解术语"数据报"。数据报是表示通信的一种报文类型，使用数据报进行通信时无须事先建立连接，它是基于 UDP 协议进行的。

Java 中有两个可使用数据报实现通信的类，即 DatagramPacket 和 DatagramSocket。DatagramPacket 类起到数据容器的作用，DatagramSocket 用于发送或接收 DatagramPacket。

DatagramPacket 类不提供发送或接收数据的方法，而 DatagramSocket 类提供 send() 方法和 receive() 方法，用于通过套接字发送和接收数据报。下面分别介绍两个类的构造方法及一些常用方法。

1. DatagramPacket 类

（1）构造方法

客户端要向外发送数据，必须首先创建一个 DatagramPacket 对象，再使用 DatagramSocket 对象发送。DatagramPacket 类的常用构造方法如表 5-4 所示。

表 5-4　DatagramPacket 类的常用构造方法

构造方法	说　明
DatagramPacket(byte[] data, int size)	构造 DatagramPacket 对象，封装长度为 size 的数据包
DatagramPacket(byte[] buf, int length, InetAddress address, int port)	构造 DatagramPacket 对象，封装长度为 length 的数据包并发送到指定的主机、端口号

（2）常用方法

DatagramPacket 类的常用方法如表 5-5 所示。

表 5-5　DatagramPacket 类的常用方法

方　法	说　明
byte[] getData()	返回字节数组，该数组包含接收到或要发送的数据报中的数据
int getLength()	返回发送或接收到的数据的长度
InetAddress getAddress()	返回发送或接收此数据报的主机的 IP 地址
int getPort()	返回发送或接收此数据报的主机的端口号

2. DatagramSocket 类

（1）构造方法

DatagramSocket 类不维护连接状态，不产生输入/输出数据流，它的唯一作用就是接收和发送 DatagramPacket 对象封装好的数据报。常用的 DatagramSocket 类的构造方法如表 5-6 所示。

表 5-6　DatagramSocket 类的常用构造方法

构造方法	说　明
DatagramSocket()	创建一个 DatagramSocket 对象，并将其与本地主机上任何可用的端口绑定
DatagramSocket(int port)	创建一个 DatagramSocket 对象，并将其与本地主机上指定的端口绑定

（2）常用方法

DatagramSocket 类的常用方法如表 5-7 所示。

表 5-7　DatagramSocket 类的常用方法

方　法	说　明
void connect(InetAddress address, int port)	将当前 DatagramSocket 对象连接到远程地址的指定端口
void close()	关闭当前 DatagramSocket 对象
void disconnect()	断开当前 DatagramSocket 对象的连接

续表

方 法	说 明
int getLocalPort()	返回当前 DatagramSocket 对象绑定的本地主机的端口号
void send(DatagramPacket p)	发送指定的数据报
void receive(DatagramPacket p)	接收数据报。收到数据以后，存放在指定的 DatagramPacket 对象中

5.3.2 使用 Socket 编程实现客户咨询

利用 UDP 通信的两个端点是平等的，也就是说通信的两个程序关系是对等的，没有主次之分，甚至它们的代码都可以完全一样，这一点要与基于 TCP 协议的 Socket 编程区分开来。

基于 UDP 协议的 Socket 网络编程一般按照以下 4 个步骤进行：

（1）利用 DatagramPacket 对象封装数据包。

（2）利用 DatagramSocket 对象发送数据包。

（3）利用 DatagramSocket 对象接收数据包。

（4）利用 DatagramPacket 对象处理数据包。

接下来实现一个最简单的使用 UDP 通信的程序。

○ 示例 5

模拟客户咨询功能，实现发送方发送咨询问题，接收方接收并显示发送来的咨询问题。

分析：

实现这个功能，首先要充分理解这句话：基于 UDP 通信的两个程序关系是对等的，没有主次之分。其次理解 DatagramPacket 和 DatagramSocket 这两个类，DatagramPacket 类起到是数据容器的作用，DatagramSocket 类用于发送或接收 DatagramPacket。

发送方实现步骤：

1）获取本地主机的 InetAddress 对象。

2）创建 DatagramPacket 对象，封装要发送的信息。

3）利用 DatagramSocket 对象将 DatagramPacket 对象数据发送出去。

发送方关键代码：

```
InetAddress ia=null;
String mess=" 你好，我想咨询一个问题。";
// 获取本地主机地址
ia=InetAddress.getByName("localhost");
// 创建 DatagramPacket 对象，封装数据
DatagramPacket dp=new DatagramPacket(mess.getBytes(),mess.getBytes().length, ia,8800);
// 创建 DatagramSocket 对象，向服务器发送数据
DatagramSocket ds=new DatagramSocket();
```

```
ds.send(dp);
// 关闭 DatagramSocket 对象
ds.close();
```
接收方实现步骤：

1）创建 DatagramPacket 对象，准备接收封装的数据。

2）创建 DatagramSocket 对象，接收数据保存于 DatagramPacket 对象中。

3）利用 DatagramPacket 对象处理数据。

接收方关键代码：
```
// 创建 DatagramPacket 对象，用来准备接收数据包
byte[] buf=new byte[1024];
DatagramPacket dp=new DatagramPacket(buf,1024);
// 创建 DatagramSocket 对象，接收数据
DatagramSocket ds=new DatagramSocket(8800);
ds.receive(dp);
// 显示接收到的信息
String mess=new String(dp.getData(),0,dp.getLength());
System.out.println(dp.getAddress().getHostAddress()+" 说："+mess);
```
输出结果如下所示：

127.0.0.1 说：你好，我想咨询一个问题。

示例 5 简单实现了基于 UDP 的网络编程。实际上，只要明确了原理和步骤，再复杂的需求只要分解也能轻松实现，再来看下面的这个示例。

⊃ 示例 6

升级示例 5，发送方发送咨询问题，接收方回应咨询。

分析：

这个功能实际上就是有来有往的过程，只需要在接收方接收到问题后，给发送方一个回应，然后发送方接收回应即可。简单来说，接收方变成发送方，发送一个回应，发送方变成接收方，接收这个回应。将代码互相复制修改就可以了。这也是任务 3 的实现思路。

任务 4　搭建 JUnit 测试框架

关键步骤如下：
- 测试工具的选择。
- 测试用例的选择。
- 测试用例的编写。

5.4.1　软件测试概述

在编写程序的过程中，代码完成以后必须进行测试和调试，也就是说程序员要对

自己编写的代码负责,既要保证代码的正确编译运行,又要保证与预期结果相符合,这就涉及到单元测试,下面将介绍测试相关的内容。

1. 软件测试的意义

什么是软件测试呢?测试是发现并指出软件(包括建模、需求分析、设计等阶段产生的各种文档产品)中存在的缺陷的过程。这个过程指出软件中缺陷的确定位置,进行详细记录,并且同时给出与预期的结果偏差。一般软件测试采用人工或利用工具来完成。测试在软件开发周期中起着至关重要的作用:

- 测试可以找到软件中存在的缺陷,避免连锁负面反应的发生。
- 测试不仅为了找到缺陷,更能帮助管理者提升项目管理能力并预防缺陷的发生,改进管理措施。
- 测试是评定软件质量的一个有效方法。

2. 软件测试的分类

根据测试的角度不同,软件测试有不同的分类标准:

- 从是否关心软件内部结构和具体实现角度,可分为白盒测试和黑盒测试。
- 从软件开发过程的阶段,可分为单元测试、集成测试和确认测试等。

简单介绍这几种测试的偏重点。

(1)白盒测试

白盒测试也称为结构测试或逻辑驱动测试,它是按照程序内部的结构来测试程序,这种方法是把程序看成一个打开的盒子,测试人员对程序内部的结构需要非常清晰明确。

(2)黑盒测试

黑盒测试也称为功能测试,它是通过测试来检测每个功能是否能够正常使用。在测试中,把程序看成一个不能打开的盒子,测试人员在完全不考虑程序的内部结构和内部特性的基础上,进行功能上的测试。

(3)单元测试

测试人员需要依据详细设计说明书和源程序清单,了解该模块的需求、条件和逻辑结构,对软件中最小可测试单元进行检查和验证。所以,对于单元测试,很多都是程序员自己来完成。

5.4.2 JUnit 测试框架

1. JUnit 测试框架概述

如今单元测试在面向对象的开发中变得越来越重要,而一个简单易用、功能强大的单元级测试框架的产生为广大的程序人员带来了全新的测试体验。在 Java 编程环境中,JUnit 测试框架(JUnit Framework)是一个已经被多数 Java 程序员采用和证实了的优秀测试框架。

JUnit 是由 Erich Gamma 和 Kent Beck 共同编写的一个回归测试框架，它的主要特性包括如下方面：

- ➢ 用于测试期望结果的断言。
- ➢ 用于共享测试数据的测试工具。
- ➢ 用于方便地组织和运行测试的测试套件。
- ➢ 图文并茂的测试运行器。

同时，JUnit 是在极限编程和重构中被极力推荐使用的工具，因为它的优势突出，主要体现在以下几个方面：

- ➢ 测试代码和产品代码分开。
- ➢ 易于集成到测试人员的构建过程中。
- ➢ 开放源代码，可以进行二次开发。
- ➢ 可以方便地对 JUnit 功能扩展。

下面就来介绍这个强大的单元测试框架。

2．JUnit 测试框架包介绍

JUnit 由 SourceForge 发行，从其官方网站上可以查阅 JUnit 相关的帮助文档，同时可以下载 JUnit 安装 jar 包，目前很多开发 IDE 环境都集成了该 jar 包，开发时只需要导入即可。

JUnit 测试框架包中包含了 JUnit 测试类所需的所有基类，实际上这个包也是整个 JUnit 的基础框架。

下面就来介绍该包中最基本的几个类和接口。

（1）Assert 静态类

Assert 类包含了一组静态的测试方法，用来比对期望值和实际值逻辑，验证程序是否正确（这个过程称之为断言），若测试失败则标识未通过测试。Assert 类提供了 JUnit 使用的一整套断言，是一系列断言方法的集合。

（2）Test 接口

Test 接口使用了 Composite 设计模式，TestCase 类和 TestSuite 类都实现了此接口。所有实现 Test 接口的类都要实现 run() 方法，该方法执行测试，并使用 TestResult 实例接收测试结果。

（3）TestCase 抽象类

TestCase 抽象类代表一个测试用例，负责测试时对客户类的初始化以及测试方法的调用。启动 TestCase 的 run() 方法后即创建了一个 TestResult 实例。它是 JUnit 测试框架的核心部分。

（4）TestSuite 测试包类

TestSuite 测试包类代表需要测试的一组测试用例，负责包装和运行所有的测试类。因为对每一个类的测试，可能是测试其多个方法，也可能是对多个方法的组合测试，

TestSuite 测试包类就负责组装这些测试。

（5）TestRunner 运行包类

TestRunner 运行包类是运行测试代码的运行器。

（6）TestResult 结果类

TestResult 结果类集合了任意测试累加结果，测试时将 TestResult 实例传递给每个测试的 run() 方法，来保存测试结果。

5.4.3　JUnit 3.x 测试框架

1．JUnit 3.x 测试框架概述

前面已经提到，测试对于保证软件开发质量有着非常重要的作用，而单元测试是必不可少的测试环节。JUnit 是一个非常强大的单元测试包，可以对一个或多个类的单个或多个方法进行测试，还可以将不同的 TestCase 组合成 TestSuite，是将测试任务自动化的工具。MyEclipse 中集成了 JUnit，可以非常方便地编写 TestCase。JUnit 3.x 中会自动执行 test 开头的方法，这是依赖反射执行的。

2．使用 JUnit 3.x 进行单元测试

搭建 JUnit 3.x（.x 代表版本）测试框架，必须了解以下几个方法的作用：

- testXxx()：JUnit 3.x 自动调用并执行的方法，必须是 public 并且不能带有参数，必须以 test 开头，返回值为 void。
- setUp()：初始化，准备测试环境。
- tearDown()：释放资源。

它们的调用顺序为 setUp() → testXxx() → teardown()。

使用 JUnit 3.x 进行单元测试一般按照以下 3 个步骤进行：

（1）在 Java 工程中导入所需要的 JUnit 测试 jar 包，选中 setUp() 方法和 tearDown() 方法。

（2）在 Java 工程中选中要测试的方法并完成测试类的方法编写。

（3）执行程序，红色表示失败，绿色表示成功。

⊃ 示例 7

使用 JUnit 3.x 测试一个计算两个数相加的方法。

分析：

如下为一个简单的 Calculate 类，类中有一个方法 add()，方法具体代码如下所示：

```
public int add(int a,int b){
    return a+b;
}
```

根据 JUnit 的要求，测试方法的定义必须如下所示：

```
public void  testAdd(){
}
```

关键代码：

```
import junit.framework.Assert;
import junit.framework.TestCase;
public class CalculateTest extends TestCase {
    private Calculate cal;
    protected void setUp() throws Exception {
        cal=new Calculate();
    }
    protected void tearDown() throws Exception {
        super.tearDown();
    }
    // 测试断言方法
    public void testAdd(){
        // 断言 add() 方法 1+2=3
        Assert.assertEquals(cal.add(1,2), 3);
    }
}
```

如上就是一个最简单，但是又最典型的使用 JUnit 3.x 进行单元测试的例子。JUnit 测试框架不但允许进行一个 TestCase 的测试，还可以将多个 TestCase 组合成 TestSuite，让整个测试自动完成。

5.4.4　JUnit 4.x 测试框架

1. JUnit 4.x 测试框架概述

在前面的学习中，大家已经对 Annotation 注解有了一个比较深刻的认识。接下来要介绍的 JUnit 4.x 就与 Annotation 有很大的联系。JUnit 4.x 对 JUnit 测试框架进行了颠覆性的改进，JUnit 4.x 主要利用了 JDK 5.0 中的新特性 Annotation 的特点来简化测试用例的编写。

2. 使用 JUnit 4.x 进行单元测试

首先看一下示例 7 如果使用 JUnit 4.x 是如何实现的。

> **注意**：
> JUnit 4.x 搭建测试框架的步骤与 JUnit 3.x 是一样的，请大家参照搭建。

⊃ 示例8

使用 JUnit 4.x 完成测试一个计算两个数相加的方法。
关键代码：

```
public class CalculateTest {
    private Calculate cal;
    @Before
```

```
    protected void setUp() throws Exception {
        cal=new Calculate();
    }
@After
    protected void tearDown() throws Exception {
        super.tearDown();
    }
@Test
    public void Add(){
        Assert.assertEquals(cal.add(1,2), 3);
    }
}
```

> **注意：**
> 采用 Annotation 的 JUnit 4.x 不要求必须继承 TestCase，而且测试方法也不必以 test 开头，只要以 @Test 这样的元数据来描述即可。

在上面的示例 8 中，大家是否注意到了多以 @ 符号开头的各种元数据呢？这就是 JUnit 4.x 中的注解 Annotation，其实，JUnit 4.x 是一个全新的 JUnit 测试框架，而不是旧框架的升级版本。JUnit 4.x 中的注解作用，简单来说，就是起到指示测试程序测试步骤及标志的作用。

JUnit 4.x 中的常用注解如表 5-8 所示。

表 5-8　JUnit 4.x 的常用注解

注解标识	说　　明
@Before	用于标注每一个测试方法执行前都要执行的方法
@After	用于标注每一个测试方法执行后都要执行的方法
@Test	用于标注一个测试方法
@Ignore	用于标注暂不参与测试的方法
@BeforeClass	标注的方法在整个类的所有测试方法运行之前运行一次
@AfterClass	标注的方法在整个类的所有测试方法运行结束之后运行一次

综上所述，可以对 JUnit 3.x 和 JUnit 4.x 进行单元测试的区别进行如下总结：

- ➢ JUnit 3.x 中的测试类必须继承 TestCase，而 JUnit 4.x 则不是必须的。
- ➢ JUnit 3.x 的测试类必须重写 TestCase 的 setUp() 方法和 tearDown() 方法，分别执行初始化和释放资源的操作。而相同的工作，在 JUnit 4.x 中是使用 @Before 和 @After 来标识的，并且方法名可以随意定义。
- ➢ JUnit 3.x 中对某个类的某个方法进行测试时，测试类对应的测试方法名是固定的，必须以 test 开头，而 JUnit 4.x 中则不是这样，只需要使用 @Test 标识即可。

> 使用 JUnit 4.x 进行测试用例的编写相对灵活，和编写一个普通类没有什么区别，只需要加上注解标注即可，这种松耦合的设计理念相当优秀。

5.4.5 测试套件

JUnit 测试框架提供了一种批量运行测试类的方法，称为测试套件。简单地说，测试套件就是把几个测试类打包组成一套数组进行测试。这样，每次需要验证系统功能正确性时，只执行一个或几个测试套件即可。测试套件的写法非常简单，只需要遵循以下规则即可：

（1）创建一个空类作为测试套件的入口，保证这个空类使用 public 修饰，而且存在公开的不带有任何参数的构造方法。

（2）使用注解 org.junit.runner.RunWith 和 org.junit.runners.Suite.SuiteClasses 修饰这个空类。

（3）将 org.junit.runners.Suite 作为参数传入注解 RunWith，以提示 JUnit 为此类使用套件运行器执行。

（4）将需要放入此测试套件的测试类组成数组作为注解 SuiteClasses 的参数。

测试套件中不仅可以包含基本的测试类，还可以包含其他测试套件，这样可以很方便地分层管理不同模块的单元测试代码。

本章总结

本章学习了以下知识点：
> 网络中使用 IP 地址唯一标识一台计算机。IP 地址由网络部分和主机部分共同组成，常用的 IP 地址有 A、B、C 这三类。
> 网络编程作为 Java 中的主要应用之一，可以通过使用 java.net 包来实现。
> TCP/IP 套接字是最可靠的双向流协议。在等待客户端请求的服务器使用 ServerSocket 类，而要连接至服务器的客户端则使用 Socket 类。
> 基于 UDP 的网络编程中，DatagramPacket 是起到数据容器作用的一个类，DatagramSocket 是用于发送或接收 DatagramPacket 的类。
> InetAddress 是一个用于封装 IP 地址和 DNS 的类。
> 简单易用、功能强大的单元级测试框架——JUnit 测试框架（JUnit Framework），是一个已经被多数 Java 程序员采用和证实了的优秀测试框架。

本章练习

1. 简述域名解析原理。

2．编写程序，查找指定域名为 www.taobao.com 的所有可能的 IP 地址。输出结果如图 5.18 所示。

图 5.18　淘宝网的所有服务器 IP 地址

3．模拟用户登录，预设用户数据，提示登录成功或不成功的原因。输出结果如图 5.19～图 5.22 所示。

图 5.19　登录失败客户端显示

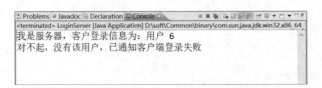

图 5.20　登录失败服务器端显示

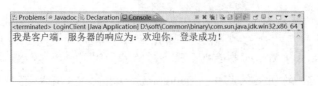

图 5.21　登录成功客户端显示

图 5.22　登录成功服务器端显示

4．针对示例 8，若关键代码（粗体部分）修改为如下形式，请问编译是否会报错？

```java
public class CalculateTest {
    private Calculate cal;
    @Before
    protected void init() throws Exception {
        cal=new Calculate();
    }
    @After
    protected void final() throws Exception {
        super.tearDown();
    }
    @Test
    public void TAdd(){
        Assert.assertEquals(cal.add(1,2), 3);
    }
}
```

随手笔记

第6章

XML 技术

▶ 本章重点

- ※ 定义格式良好的 XML 文档
- ※ 使用 DOM 解析 XML
- ※ 使用 DOM4J 解析 XML

▶ 本章目标

- ※ 使用 DTD 和 Schema 验证 XML
- ※ 使用 DOM4J 解析 XML

本章任务

学习本章，需要完成以下 4 个工作任务。请记录学习过程中所遇到的问题，可以通过自己的努力或访问 kgc.cn 解决。

任务 1：使用 XML 存储数据

使用 XML 存储图书信息，包括编号、作者、书名及描述信息。

任务 2：验证 XML 文档

如何确保定义的 XML 文档始终是格式良好的呢？通过本任务学习如何使用 DTD 和 Schema 验证 XML 文档。

任务 3：使用 DOM 解析 XML

使用 DOM 解析 XML，对保存手机收藏信息的 XML 执行查询、添加、修改和删除操作。

任务 4：使用 DOM4J 解析 XML

DOM4J 是解析 XML 应用非常普遍的一项技术，通过本任务学习如何使用 DOM4J 操作 XML。

任务 1　使用 XML 存储数据

关键步骤如下：
- 了解 XML 文档结构。
- 编写格式良好的 XML 文档。
- 编写保存图书信息的 XML 文档。

6.1.1　XML 简介

XML 是 Extensible Markup Language 即可扩展标记语言的缩写，是一种简单的数据存储语言，使用一系列简单的标记来描述数据。XML 技术应用广泛，最基本的如网站、应用程序的配置信息一般都采用 XML 文件描述。

XML 的特点如下：
- XML 与操作系统、编程语言的开发平台都无关。
- 规范统一。

6.1.2　XML 文档结构

首先来了解 XML 文档结构，如下所示是描述图书信息的 XML 代码，即任务 1 对应的 XML 文档。

```xml
<?xml version="1.0" encoding="UTF-8"?>
<books>
    <!-- 图书信息 -->
    <book id="bk101">
        <author> 王姗 </author>
        <title>.NET 高级编程 </title>
        <description> 包含 C# 框架和网络编程等 </description>
    </book>
    <book id="bk102">
        <author> 李明明 </author>
        <title>XML 基础编程 </title>
        <description> 包含 XML 基础概念和基本用法 </description>
    </book>
</books>
```

1．XML 声明

`<?xml version="1.0" encoding="UTF-8"?>` 表示 XML 声明，用以标明该文件是一个 XML 文档。XML 文档总是以 XML 声明开始，它定义了 XML 的版本和所使用的编码格式等信息。

XML 声明由以下几个部分组成：

➢ version：文档符合 XML 1.0 规范。

➢ encoding：文档字符编码，默认为"UTF-8"。

对于任何一个 XML 文档，其声明部分都是固定的格式。

2．标签

在 XML 中，用尖括号 <> 括起来的各种标签（Tag）来标记数据，标签成对使用来界定字符数据，例如，`<author> 王姗 </author>` 这一对标签中，`<author>` 是开始标签，`</author>` 是结束标签，"王姗"是标签描述的内容，表示作者信息。XML 文件可以包含任意数量的标签。

3．根元素

每个 XML 文档必须有且仅有一个根元素，如 `<books></books>`。

根元素的特点如下：

➢ 根元素是一个完全包括文档中其他所有元素的元素。

➢ 根元素的起始标签要放在所有其他元素的起始标签之前。

➢ 根元素的结束标签要放在所有其他元素的结束标签之后。

4. 元素

XML 文档的主要部分是元素，元素由开始标签、元素内容和结束标签组成。元素内容可以包含子元素、字符数据等。如 <author> 王姗 </author> 就是一个元素。

元素的命名规则如下：
- 名称中可以包含字母、数字或者其他的字符。
- 名称不能以数字或者标点符号开始。
- 名称不能以字符 xml（或者 XML、Xml）开始。
- 名称中不能包含空格。

> **注意**：
> ① XML 标签必须成对出现并正确地嵌套，如下面的嵌套方式是不正确的。
> ```
> <title>
> <name>
> XML 编程
> </title>
> </name>
> ```
> ② 元素允许是空元素，如以下元素的写法是允许的。
> ```
> <title> </title>
> <title></title>
> <title/>
> ```

5. 属性

在描述图书信息的 XML 文档中，<book id="bk101"> 这个标签，使用 id 属性描述图书的编号信息。

属性定义语法格式如下：

< 元素名 属性名 =" 属性值 ">

属性值用一对双引号包含起来。

> **注意**：
> ① 一个元素可以有多个属性，它的基本格式为 < 元素名 属性名 =" 属性值 " 属性名 =" 属性值 "/>，多个属性之间用空格隔开。
> ② 属性值中不能直接包含 <、"、& 等字符。
> ③ 属性可以加在任何一个元素的起始标签上，但不能加在结束标签上。

6. XML 中的特殊字符的处理

在 XML 中，有时在元素的文本中会出现一些特殊字符（如 <、>、'、"、&），而 XML 文档结构本身就用到了这几个特殊字符，有以下两种办法，可以正确地解析包含特殊字符的内容。

（1）对这 5 个特殊字符进行转义，也就是使用 XML 中的预定义实体代替这些字符，XML 中的预定义实体和特殊字符的对应关系如图 6.1 所示。

实体名称	字符
&lt;	<
&gt;	>
&	&
"	"
'	'

图 6.1　预定义实体和特殊字符的对应关系

（2）如果在元素的文本中有大量的特殊字符，可以使用 CDATA 节处理。CDATA 节中的所有字符都会被当作元素字符数据的常量部分，而不是 XML 标签。定义 CDATA 节的语法格式如下：

```
<![CDATA[
    要显示的字符
]]>
```

7. XML 中的注释

注释的语法格式如下：

`<!-- 注释内容 -->`

8. 格式良好的 XML 文档

格式良好的 XML 文档需要遵循如下规则：
- 必须有 XML 声明语句。
- 必须有且仅有一个根元素。
- 标签大小写敏感。
- 属性值用双引号包含起来。
- 标签成对出现。
- 元素正确嵌套。

6.1.3　XML 优势

XML 独立于计算机平台、操作系统和编程语言来表示数据，凭借其简单性、可扩展性、交互性和灵活性在计算机行业中得到了世界范围的支持和采纳。XML 基于文本格式，允许开发人员描述结构化数据并在各种应用之间发送和交换这些数据，使得不同系统之间交互数据具备了统一的格式。

XML 的优势主要体现在以下几点：
- 数据存储：XML 与 Oracle 和 SQL Server 等数据库一样，都可以实现数据的持久化存储。XML 极其简单，正是这点使得 XML 与众不同。
- 数据交换：在实际应用中，由于各个计算机所使用的操作系统、数据库不同，因此数据之间的交换很复杂。现在可以使用 XML 来交换数据，例如可以将数据库 A 中的数据转换成标准的 XML 文件，然后数据库 B 再将该标准的 XML 文件转换成适合自己数据要求的数据，以达到交换数据的目的。再比如，气象部门发布了天气预报信息，不同的系统（计算机、手机）以及不同的软件（QQ、MSN）和各种网站都可以去读取和显示这些信息，正是因为天气预报信息以 XML 格式存储，才使得不同系统、不同软件都能解析统一格式的数据并显示。
- 数据配置：许多应用都将配置数据存储在 XML 文件中。

6.1.4　在 XML 中使用命名空间

命名空间是在 XML 文档中可以用作元素或属性名称的名称集合，它们用来标识来自特定域（标准组织、公司、行业）的名称。

1．命名空间的必要性

XML 解析器在解析 XML 文档时，对于重名的元素，可能出现解析冲突。命名空间有助于标准化元素和属性，并为它们加上唯一的标识。

2．声明命名空间

声明命名空间的语法格式如下：

xmlns:[prefix]= " [命名空间的 URI] "

- prefix 是前缀名称，它用作命名空间的别名。
- xmlns 是保留属性。

3．属性和命名空间

除非带有前缀，否则属性属于它们的元素所在的命名空间。

4．命名空间的应用

○ 示例 1

在 XML 中使用命名空间。
关键代码：

```
<?xml version="1.0" encoding="gb2312"?>
<cameras xmlns:digital="http://www.digicam.org" xmlns:photo="http://www.photostudio.org">
    <digital:camera prodID="P663"
        name=" 傻瓜相机 "
        pixels="410000"
        output_res="640 x 480"
        int_mem="2 MB"
```

```
            price="300.99"/>
    <photo:camera productID="K29B3"
        name=" 超级 35 毫米照相机 "
        lens="35 毫米 "
        zoom="70 毫米 "
        warranty="1 年 "
        price="99.00"/>
</cameras>
```

在示例 1 代码中，声明了两个命名空间，别名分别是 digital 和 photo。对应的 URI 分别是：http://www.digicam.org 和 http://www.photostudio.org，第一个 camera 加上了前缀 digital，则它属于 digital 代表的命名空间，第二个 camera 加上了前缀 photo，则它属于 photo 代表的命名空间。这样，就使得数据更加精确。

至此，通过任务 1，我们认识了 XML 文档的结构，学会了如何编写格式良好的 XML 文档。

任务 2　验证 XML 文档

关键步骤如下：
- 使用 DTD 验证 XML 文档。
- 使用 Schema 验证 XML 文档。

6.2.1　使用 DTD 验证 XML 文档

如何确保编写的 XML 文档始终是格式良好的呢？本书介绍两种 XML 验证方法，即 DTD 和 Schema。首先来看如何使用 DTD 验证 XML。

1．使用 DTD 验证描述诗集的 XML

（1）DTD 简介

DTD 是 Document Type Definition 即文档类型定义的缩写。DTD 用来描述 XML 文档的结构，一个 DTD 文档可能包含如下内容：
- 元素的定义规则。
- 元素之间的关系规则。
- 属性的定义规则。

DTD 的作用如下：
- DTD 使每个 XML 文件可以携带一个自身格式的描述。
- DTD 使不同组织的人可以使用通用 DTD 来交换数据。
- DTD 使应用程序可以使用标准 DTD 校验从外部接收的 XML 数据是否有效。

（2）声明 DTD

DTD 的声明语法格式如下：

<!DOCTYPE 根元素 [定义内容]>

DOCTYPE 是关键字。

例如下面的代码就在描述诗集的 XML 文档中使用了 DTD 验证。

```
<?xml version="1.0"?>
<!DOCTYPE poem [
    <!ELEMENT poem (author,title,content) >
    <!ELEMENT author (#PCDATA)>
    <!ELEMENT title (#PCDATA)>
    <!ELEMENT content (#PCDATA)>
]>
<poem>
    <author>王维</author>
    <title>鹿柴</title>
    <content>空山不见人，但闻人语声。返景入深林，复照青苔上。</content>
</poem>
```

（3）DTD 元素

DTD 元素的定义语法格式如下：

<!ELEMENT NAME CONTENT>

- ➢ ELEMENT 是关键字。
- ➢ NAME 是元素名称。
- ➢ CONTENT 是元素类型。

常用的元素类型如下：

- ➢ #PCDATA，可以包含任何字符数据，但是不能在其中包含任何子元素，例如：

<!ELEMENT title (#PCDATA)>

- ➢ 纯元素类型，只包含子元素，并且除这些子元素外没有文本内容，例如：

<!ELEMENT poems (poem*)>

DTD 元素中一些符号的用途如表 6-1 所示。

表 6-1　DTD 元素中符号的用途

符号	用途	示例	示例说明
()	用来给元素分组	（古龙 | 金庸 | 梁羽生）， （王朔 | 余杰），毛毛	表示分成三组
|	在列出的对象中选择一个	（男人 | 女人）	表示"男人"或者"女人"必须出现，并且两者至少出现一个
,	对象必须按指定的顺序出现	（西瓜，苹果，香蕉）	表示"西瓜""苹果""香蕉"必须出现，并且按这个顺序出现
*	该对象允许出现零次或任意多次（0 或多次）	（爱好 *）	表示"爱好"可以出现零次或多次

续表

符号	用途	示例	示例说明
?	该对象可以出现，但只能出现一次（0 或 1 次）	（菜鸟 ?）	表示"菜鸟"可以出现，也可以不出现，如果出现的话，最多只能出现一次
+	该对象最少出现一次，可以出现多次（1 或多次）	（成员 +）	表示"成员"必须出现，而且可以出现多次

2. 使用外部 DTD 验证 XML

前面的例子将 DTD 嵌入在 XML 文件中用于验证描述诗集的 XML，这称为内部 DTD 文档。当验证的 XML 文件较多，或者待验证的 XML 文档格式较复杂时，这种方式就不合适了。这时可以把 DTD 存储在独立的文件中，存储 DTD 的文件一般以 .dtd 作为文件的扩展名。

引用外部 DTD 文档的语法格式如下：

`<!DOCTYPE 根元素 SYSTEM "DTD 文件路径 ">`

DOCTYPE 和 SYSTEM 是关键字。

如果使用外部 DTD 验证描述诗集的 XML，则代码如下：

```
<?xml version="1.0" encoding="UTF-8"?>
<!DOCTYPE poems SYSTEM "poems.dtd">
<poems createYear="2011">
    <poem>
        <title> 春晓 </title>
        <author> 孟浩然 </author>
        <year>732</year>
        <content> 春眠不觉晓……</content>
    </poem>
</poems>
```

代码中，`<!DOCTYPE poems SYSTEM "poems.dtd">` 表示引用了外部 DTD 文档 poems.dtd。poems.dtd 文档的内容如下：

```
<!ELEMENT poems (poem*)>
<!ELEMENT poem (title,author,year,content)>
<!ELEMENT title (#PCDATA)>
<!ELEMENT author (#PCDATA)>
<!ELEMENT year (#PCDATA)>
<!ELEMENT content (#PCDATA)>
```

有时，内部 DTD 和外部 DTD 会混合使用，例如下面的代码：

```
<?xml version="1.0"?>
<!DOCTYPE poem SYSTEM "poem.dtd" [
    <!ELEMENT title (#PCDATA)>
    <!ELEMENT content (#PCDATA)>
]>
<poem>
    <author> 王维 </author>
    <title> 鹿柴 </title>
    <content> 空山不见人，但闻人语声。返景入深林，复照青苔上。</content>
```

</poem>

 <!ELEMENT poem (author,title,content) >
 <!ELEMENT author (#PCDATA)>

6.2.2 使用 Schema 验证 XML 文档

尽管使用 DTD 验证 XML 文档很有效，但也有相当多的不足之处。XML Schema 则针对 DTD 的不足之处进行了改善，如隐晦的语法、缺乏数据类型、封闭的内容模型以及不支持命名空间等。和 DTD 相比，XML Schema 是使用 XML 语法编写的，它更易于学习和使用。

1. Schema 基础概念

XML Schema 是用一套预先规定的 XML 元素和属性创建的，这些元素和属性定义了 XML 文档的结构和内容模式。XML Schema 规定了 XML 文档实例的结构和每个元素/属性的数据类型。

Schema 的文档结构如图 6.2 所示。

图 6.2 Schema 的文档结构

Schema 包含丰富的数据类型：

➢ 简单类型。
  ◆ 内置的数据类型，包括基本的数据类型和扩展的数据类型。
  ◆ 用户自定义类型（通过 simpleType 定义）。
➢ 复杂类型（通过 complexType 定义）。

Schema 提供的基本数据类型如表 6-2 所示。

表 6-2 Schema 基本数据类型

数据类型	描　述
string	表示字符串
boolean	表示布尔型
decimal	表示特定精度的数字

续表

数据类型	描述
float	表示单精度 32 位浮点数
double	表示双精度 64 位浮点数
duration	表示持续时间 / 日期格式
dateTime	表示特定的时间
time	表示特定的时间，是每天重复的
date	表示日期

Schema 提供的扩展数据类型如表 6-3 所示。

表 6-3 Schema 扩展数据类型

数据类型	描述
ID	用于唯一标识元素
IDREF	参考 ID 类型的元素或属性
ENTITY	实体类型
long	表示整型数，大小介于 -9223372036854775808 ～ 9223372036854775807
int	表示整型数，大小介于 -2147483648 ～ 2147483647
short	表示整型数，大小介于 -32768 ～ 32767
byte	表示整型数，大小介于 -128 ～ 127

2. Schema 常用元素类型

Schema 常用元素类型如下所示：
- 根元素：schema。
- 定义元素和属性的元素：element、group、attribute 和 attributeGroup。
- 定义简单类型的元素：simpleType。
- 定义复杂类型的元素：complexType。
- 进行类型约束的元素：choice、unique、sequence 和 restriction。

下面来介绍每种元素的用法。

（1）schema 元素

schema 元素的作用是包含已经定义的 schema，语法为 <xs:schema>，常用属性如下：
- xmlns。
- targetNamespace。
- elementFormDefault。

（2）element 元素

element 用于声明一个元素，常用属性有 name、type、ref、minOccurs 和 maxOccurs。例如：
`<xs:element name="dog" type="xs:string" minOccurs="0" maxOccurs="3"/>`

（3）group 元素

group 元素可以把一组元素声明组合在一起，以便它们能够一起被复合类型应用，例如下面的代码：

```
<xs:group name="bookData">
  <xs:sequence>
    <xs:element name="code" type="xs:string"/>
    <xs:element name="title" type="xs:string"/>
    <xs:element name="price" type="xs:decimal"/>
  </xs:sequence>
</xs:group>
```

（4）attribute 元素

使用 attribute 声明一个属性，例如下面的代码声明了名为 myBaseAttribute 的属性。

```
<xs:attribute name="myBaseAttribute" type="xs:string" use="required"/>
```

（5）attributeGroup 元素

attributeGroup 元素把一组属性声明组合在一起，以便可以被复合类型应用。

（6）simpleType 元素

使用 simpleType 定义一个简单类型，它决定了元素和属性值的约束和相关信息。常用的两个子元素如下：

- <xs:restriction>，用于定义一个约束条件。
- <xs:list>，从一个特定数据类型的集合中选择定义一个简单类型元素。

（7）complexType 元素

使用 complexType 定义一个复合类型，它决定了一组元素和属性值的约束和相关信息。常用子元素有 <xs:sequence> 和 <xs:choice>，前者表示为一组元素指定一个特定的序列，后者表示允许唯一的一个元素从一个组中被选择。例如下面的代码中，复合元素 zooAnimals 包含 3 个元素，并且必须以大象、狮子和猴子的先后顺序出现。

```
<xs:element name="动物园">
  <xs:complexType>
    <xs:sequence minOccurs="0" maxOccurs="unbounded">
      <xs:element name="大象"/>
      <xs:element name="狮子"/>
      <xs:element name="猴子"/>
    </xs:sequence>
  </xs:complexType>
</xs:element>
```

另外，complexType 还包含两个扩展的派生类型：

- simpleContent，在 complexType 元素中定义的内容只拥有文本、属性或 simpleType 定义的数据类型，但是不包含任何子元素。
- complexContent，在 complexType 元素中定义的内容包含元素和文本或只包含元素。

complexType 与 simpleType 的区别如下：

- simpleType 类型的元素中不能包含元素或者属性。

> 当需要声明一个元素的子元素或属性时，用 complexType。
> 当需要基于内置的基本数据类型定义一个新的数据类型时，用 simpleType。

下面通过一个综合示例学习使用 Schema 来验证 XML 文档。

➲ 示例 2

分析下面的 XML 实例，书写相应的 Schema 文件。

```
<学生名册>
    <学生 学号="1">
        <姓名>张三</姓名>
        <性别>男</性别>
        <年龄>20</年龄>
    </学生>
    <学生 学号="2">
        <姓名>李四</姓名>
        <性别>女</性别>
        <年龄>19</年龄>
    </学生>
    <学生 学号="3">
        <姓名>王二</姓名>
        <性别>男</性别>
        <年龄>21</年龄>
    </学生>
</学生名册>
```

分析：

1）XML 文档含有"学生名册""学生""姓名""性别"和"年龄"五个元素，"学生"元素中含有属性"学号"。

2）"学生名册"元素是 complexType 元素类型，它可以包含多个"学生"元素。

3）"学生"元素也是 complexType 元素类型，它包含"姓名""性别""年龄"三个元素和"学号"属性。

4）"学号"是一个 int 数据类型，该属性是必需的。

5）"姓名"元素是 string 数据类型。

6）"性别"元素只有"男""女"两个 string 数据类型的取值，是一个 simpleType 的元素类型。

7）"年龄"元素是 int 数据类型。

根据分析可以写出验证约束以上 XML 文档的 Schema 文件。

任务 3　使用 DOM 解析 XML

关键步骤如下：
> 使用 DOM 读取 XML 数据。
> 使用 DOM 添加 XML 数据。

> 使用 DOM 修改 XML 数据。
> 使用 DOM 删除 XML 数据。

6.3.1 解析 XML 概述

在实际应用中，经常需要对 XML 文档进行各种操作。例如，在应用程序启动时读取 XML 配置文件信息，或者把数据库中的内容读取出来转换为 XML 文档形式，这时都会用到 XML 文档的解析技术。

目前常用的 XML 解析技术有 4 种。

（1）DOM

DOM 是基于 XML 的树结构来完成解析的，DOM 解析 XML 文档时，会根据读取的文档，构建一个驻留内存的树结构，然后就可以使用 DOM 接口来操作这个树结构。因为整个文档的树结构是驻留在内存中的，所以各种操作非常方便。它还支持删除、修改、重新排列等多种操作。DOM 解析 XML 的方式非常适用于多次访问 XML 的应用程序，但是 DOM 解析比较消耗资源。

（2）SAX

SAX 是基于事件的解析，它是为了解决 DOM 解析的资源消耗问题而出现的。它不像 DOM 那样需要建立一棵完整的文档树，而是通过事件处理器完成对文档的解析。因为 SAX 解析不用事先调入整个文档，所以它的优势就是资源占用少，内存消耗小。一般在解析数据量较大的 XML 文档时会采用这种方式。

（3）JDOM

JDOM 的目的是直接为 Java 编程服务，利用纯 Java 技术对 XML 文档实现解析、生成、序列化及其他操作，把 SAX 和 DOM 的功能有效地结合起来，它简化与 XML 的交互并且比使用 DOM 更快。JDOM 与 DOM 有两方面不同，首先，JDOM 仅使用具体类而不使用接口。这在某些方面简化了 API，但是也限制了灵活性。其次，API 大量使用了 Collections 类，简化了那些已经熟悉这些类的 Java 开发者的使用。JDOM 的优势在于"使用 20% 的精力解决 80% Java/XML 的问题"。

（4）DOM4J

DOM4J 是一个非常优秀的 Java XML API，具有性能优异、功能强大和易用的特点，同时它也是一个开放源代码的软件。如今越来越多的 Java 软件都在使用 DOM4J 来读写 XML，特别值得一提的是 Sun 的 JAXM 也在用 DOM4J。

本章将重点讲解使用 DOM 和 DOM4J 两种方式解析 XML。

6.3.2 使用 DOM 读取 XML 数据

1．DOM 概念

DOM 是 Document Object Model 即文档对象模型的简称，DOM 把 XML 文件映射

成一棵倒挂的"树",以根元素为根节点,每个节点都以对象形式存在。通过存取这些对象就能够存取 XML 文档的内容。

例如,在 C 盘创建文件 book.xml 并保存,book.xml 的结构如下:
```
<?xml version="1.0" encoding="UTF-8"?>
<book>
    <title> 三国演义 </title>
    <author> 罗贯中 </author>
    <price>30 元 </price>
</book>
```
则 book.xml 文档对应的 DOM 树结构如图 6.3 所示。

图 6.3　book 信息的 DOM 树结构

Oracle 公司提供了 JAXP（Java API for XML Processing）来解析 XML。JAXP 会把 XML 文档转换成一个 DOM 树。JAXP 包含 3 个包,这 3 个包都在 JDK 中:

➢ org.w3c.dom：W3C 推荐的用于使用 DOM 解析 XML 文档的接口。

➢ org.xml.sax：用于使用 SAX 解析 XML 文档的接口。

➢ javax.xml.parsers：解析器工厂工具,程序员获得并配置特殊的分析器。

DOM 解析使用到的类都在这些包中,在使用 DOM 解析 XML 时需要导入这些包中相关的类。

2. 使用 DOM 读取手机收藏信息

使用 DOM 解析 XML 文档的步骤如下:

（1）创建解析器工厂对象,即 DocumentBuilderFactory 对象。

（2）由解析器工厂对象创建解析器对象,即 DocumentBuilder 对象。

（3）由解析器对象对指定的 XML 文件进行解析,构建相应的 DOM 树,创建 Document 对象。

（4）以 Document 对象为起点对 DOM 树的节点进行增加、删除、修改、查询等操作。

下面通过示例 3 学习使用 DOM 读取 XML 数据。

● 示例 3

使用 DOM 读取手机收藏信息中的品牌和型号信息,XML 文档代码如下:
```
<?xml version="1.0" encoding="GB2312" ?>
<PhoneInfo>
    <Brand name=" 华为 ">
        <Type name="U8650"/>
    </Brand>
    <Brand name=" 苹果 ">
        <Type name="iPhone4"/>
        <Type name="iPhone5"/>
    </Brand>
</PhoneInfo>
```

分析：

手机收藏信息的 XML 文档对应的 DOM 树结构如图 6.4 所示。

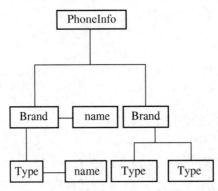

图 6.4 手机收藏信息的 DOM 树结构

关键代码：

```
// 得到 DOM 解析器的工厂实例
DocumentBuilderFactory dbf=DocumentBuilderFactory.newInstance();
// 从 DOM 工厂获得 DOM 解析器
DocumentBuilder db=dbf.newDocumentBuilder();
// 解析 XML 文档，得到一个 Document 对象，即 DOM 树
Document doc=db.parse("src/ 收藏信息 .xml");// 收藏信息 .xml 为保存手机收藏信息的 xml 文档
// 得到所有 Brand 节点列表信息
NodeList brandList=doc.getElementsByTagName("Brand");
// 循环 Brand 信息
for (int i=0; i<brandList.getLength(); i++) {
    // 获取第 i 个 Brand 元素信息
    Node brand=brandList.item(i);
    // 获取第 i 个 Brand 元素的 name 属性的值
    Element element=(Element) brand;
    String attrValue=element.getAttribute("name");
    // 获取第 i 个 Brand 元素的所有子元素的 name 属性值
    NodeList types=element.getChildNodes();
    for (int j=0; j<types.getLength(); j++) {
        Element typeElement=((Element) types.item(j));        //Type 节点
        String type=typeElement.getAttribute("name");         // 获得手机型号
        System.out.println(" 手机： "+attrValue+type);
    }
}
```

输出结果如下所示：

手机：华为 U8650
手机：苹果 iPhone4
手机：苹果 iPhone5

使用 DOM 解析 XML 时主要使用到以下对象：

1）Document 对象

Document 对象代表整个 XML 文档，所有其他的 Node 都以一定的顺序包含在 Document 对象之内，排列成一个树状结构，可以通过遍历这棵"树"来得到 XML 文档的所有内容。它也是对 XML 文档进行操作的起点，人们总是先通过解析 XML 源文件得到一个 Document 对象，然后再来执行后续的操作。Document 对象的主要方法如下：

- getElementsByTagName(String name)：返回一个 NodeList 对象，它包含了所有指定标签名称的标签。
- getDocumentElement()：返回一个代表这个 DOM 树的根节点的 Element 对象，也就是代表 XML 文档根元素的对象。

2）NodeList 对象

顾名思义，NodeList 对象是指包含了一个或者多个节点（Node）的列表。可以简单地把它看成一个 Node 数组，也可以通过方法来获得列表中的元素，NodeList 对象的常用方法如下：

- getLength()：返回列表的长度。
- item(int index)：返回指定位置的 Node 对象。

3）Node 对象

Node 对象是 DOM 结构中最基本的对象，代表了文档树中的一个抽象节点。在实际使用时，很少会真正用到 Node 对象，一般会用比如 Element、Text 等 Node 对象的子对象来操作文档。Node 对象的主要方法如下：

- getChildNodes()：此节点包含的所有子节点的 NodeList。
- getFirstChild()：如果节点存在子节点，则返回第一个子节点。
- getLastChild()：如果节点存在子节点，则返回最后一个子节点。
- getNextSibling()：返回 DOM 树中这个节点的下一个兄弟节点。
- getPreviousSibling()：返回 DOM 树中这个节点的上一个兄弟节点。
- getNodeName()：返回节点的名称。
- getNodeValue()：返回节点的值。
- getNodeType()：返回节点的类型。

4）Element 对象

Element 对象代表 XML 文档中的标签元素，继承自 Node，也是 Node 最主要的子对象。在标签中可以包含属性，因而 Element 对象中也有存取其属性的方法。如下所示：

- getAttribute(String attributename)：返回标签中指定属性名称的属性的值。
- getElementsByTagName(String name)：返回具有指定标记名称的所有后代 Elements 的 NodeList。

> **注意：**
> XML 文档中的空白字符也会被作为对象映射在 DOM 树中。因而，直接调用 Node 对象的 getChildNodes() 方法有时候会有些问题，有时不能够返回所期

望的 NodeList 元素对象列表。

解决的办法如下：

① 使用 Element 的 getElementsByTagName(String name)，返回的 NodeList 就是所期待的对象。然后，可以用 item() 方法提取想要的元素。

② 调用 Node 的 getChildNodes() 方法得到 NodeList 对象，每次通过 item() 方法提取 Node 对象后判断 node.getNodeType()==Node.ELEMENT_NODE，即判断是否是元素节点，如果为 true，则表示是想要的元素。

通过示例 3 学习了如何读取 XML 的节点属性值，那么如何读取节点的文本值呢？下面来看示例 4。

⮕ 示例 4

使用 DOM 读取手机新闻中的发布日期，XML 文档代码如下：

```
<?xml version="1.0" encoding="GB2312" ?>
<PhoneInfo>
    <Brand name=" 华为 ">
      <Type name="U8650">
        <Item>
            <title> 标题信息 </title>
            <link> 链接 </link>
            <description> 描述 </description>
            <pubDate>2011-12-12</pubDate>
        </Item>
      </Type>
    </Brand>
    ……
</PhoneInfo>
```

分析：

XML 文档对应的 DOM 树结构如图 6.5 所示。

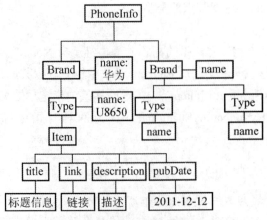

图 6.5　手机收藏信息的 DOM 树结构

首先观察 DOM 树结构，2011-12-12 这个文本是作为 pubDate 的子节点出现的，所以要读到这个日期，先要找到 pubDate 节点，然后读取它的第一子节点的值就可以了。

关键代码：

```
// 得到 DOM 解析器的工厂实例
DocumentBuilderFactory dbf=DocumentBuilderFactory.newInstance();
// 从 DOM 工厂获得 DOM 解析器
DocumentBuilder db=dbf.newDocumentBuilder();
// 解析 XML 文档，得到一个 Document 对象，即 DOM 树
Document doc=db.parse("src/ 收藏信息 .xml");
// 读取 pubDate
NodeList list=doc.getElementsByTagName("pubDate");
//pubDate 元素节点
Element pubDateElement=(Element)list.item(0);
// 读取文本节点
String pubDate=pubDateElement.getFirstChild().getNodeValue();
System.out.println(pubDate);
```

输出结果如下所示：

2011-12-12

在示例 4 的代码中，String pubDate=pubDateElement.getFirstChild().getNodeValue(); 用于获取 pubDate 节点的文本值。

使用 DOM 读取 XML 其实是对 Document、NodeList、Node、Element 等几个重要对象的灵活运用，需多加练习，熟练使用。

6.3.3 使用 DOM 维护 XML 数据

在 XML 应用中，需要经常对数据进行维护，首先来学习如何在 XML 文档中添加数据。

1．添加手机收藏信息

要实现添加手机收藏信息，其实就是在 DOM 树上添加新的节点对象。然后对树对应的文档进行保存就可以了。下面通过示例 5 学习如何使用 DOM 添加 XML 数据。

● 示例 5

在示例 3 的 XML 文档中添加品牌为"MOTO"，型号为"A1680"的手机收藏信息。

分析：

首先，根据收藏信息在内存中构建出它的 DOM 树，见示例 3 中的 DOM 树结构。要在 PhoneInfo 的节点上添加的品牌节点，需要先找到 PhoneInfo 节点。然后在此 DOM 树上创建一个新的 Brand 品牌节点，设置它的属性 name 为"MOTO"。然后根据它在 DOM 树的位置，把它添加为 PhoneInfo 的子节点。这样，此 DOM 树就有了新的结构，如图 6.6 所示。最后把这个 DOM 树结构保存到 XML 文件就可以了。

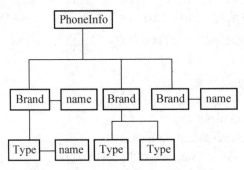

图 6.6 手机收藏信息的 DOM 树结构

实现步骤:

(1) 为 XML 文档构造 DOM 树。

(2) 创建新节点,并设置 name 属性。

(3) 把节点加到其所属父节点上。

(4) 保存 XML 文档。

关键代码:

```
// 得到 DOM 解析器的工厂实例
DocumentBuilderFactory dbf=DocumentBuilderFactory.newInstance();
// 从 DOM 工厂获得 DOM 解析器
DocumentBuilder db=dbf.newDocumentBuilder();
// 解析 XML 文档,得到一个 Document 对象,即 DOM 树
Document doc=db.parse("src/ 信息收藏 .xml");
// 创建 Brand 节点
Element brandElement=doc.createElement("Brand");
brandElement.setAttribute("name", "MOTO");
// 创建 Type 节点
Element typeElement=doc.createElement("Type");
typeElement.setAttribute("name", "A1680");
// 添加父子关系
brandElement.appendChild(typeElement);
Element phoneElement=(Element)doc.getElementsByTagName("PhoneInfo").item(0);
phoneElement.appendChild(brandElement);
// 保存 XML 文件
TransformerFactory transformerFactory=TransformerFactory.newInstance();
Transformer transformer=transformerFactory.newTransformer();
DOMSource domSource=new DOMSource(doc);
// 设置编码类型
transformer.setOutputProperty(OutputKeys.ENCODING, "gb2312");
StreamResult result=new StreamResult(new FileOutputStream("src/ 信息收藏 .xml"));
// 把 DOM 树转换为 XML 文件
transformer.transform(domSource, result);
```

在保存 XML 文件的代码中涉及文件操作的类,可以复习本书第 3 章文件操作相关内容。如果想了解这些类更多的用法,可以查看 JDK 帮助文档。

2. 修改手机收藏信息

下面通过示例 6 学习如何使用 DOM 修改 XML 文档。

● 示例 6

将保存手机收藏信息的 XML 文档中的手机品牌信息 MOTO 修改为"摩托罗拉"。

分析：

手机收藏信息的修改操作仍然要先构建 DOM 树，要把品牌信息 MOTO 修改为"摩托罗拉"，先要找到属性为 MOTO 的 Brand 节点，然后把 name 属性设置为"摩托罗拉"就可以了，最后将 DOM 树的修改保存到 XML 文件中。

实现步骤：

（1）为 XML 文档构造 DOM 树。
（2）找到符合修改条件的节点。
（3）设置该节点的属性为修改值。
（4）保存 XML 文档。

关键代码：

```
// 省略构建 DOM 树的代码
// 找到修改的节点
NodeList list=doc.getElementsByTagName("Brand");
for(int i=0;i<list.getLength();i++){
    Element brandElement=(Element)list.item(i);
    String brandName=brandElement.getAttribute("name");
    if(brandName.equals("MOTO")){
        brandElement.setAttribute("name"," 摩托罗拉 ");  // 修改属性值
    }
}
// 省略保存 XML 文件的代码
```

示例 6 实现了修改 XML 文档中节点属性的值，有时也可能修改节点文本的值，其实现步骤和方法与修改属性类似，这里不再赘述。

3. 按手机品牌和型号删除收藏信息

XML 文档的删除操作和修改操作的实现过程基本类似，下面通过示例 7 了解使用 DOM 删除 XML 文档数据的方法。

● 示例 7

从保存手机收藏信息的 XML 文档中，删除手机品牌信息"摩托罗拉"。

分析：

手机收藏信息的删除操作也要先构建 DOM 树，在 DOM 树中找到 name 属性为"摩托罗拉"的品牌节点，然后删除，这时需要先找到要删除节点的父节点，通过 Brand 节点的父节点 PhoneInfo 去实现最终的删除功能。

实现步骤：

（1）为 XML 文档构造 DOM 树。

（2）找到符合删除条件的节点。
（3）找到该节点的父节点实现其子节点的删除功能。
（4）保存 XML 文档。

关键代码：

```
// 省略构建 DOM 树的代码
// 找到删除的节点
NodeList list=doc.getElementsByTagName("Brand");
for(int i=0;i<list.getLength();i++){
    Element brandElement=(Element)list.item(i);
    String brandName=brandElement.getAttribute("name");
    if(brandName.equals(" 摩托罗拉 ")){
        brandElement.getParentNode().removeChild(brandElement);
    }
}
// 省略保存 XML 文件的代码
```

使用 DOM 对 XML 数据进行添加、修改和删除的操作步骤基本一样，只是使用的类及方法有些不同。再次强调，通过本任务，需要理解 DOM 常见对象的用法，掌握使用 DOM 解析 XML 的步骤。

任务 4　使用 DOM4J 解析 XML

关键步骤如下：
- 了解 DOM4J 相关接口。
- 使用 DOM4J 读取、添加、修改、删除 XML 数据。

> **补充知识**
>
> DOM4J 是目前使用非常广泛的解析 XML 的一种技术，与 DOM 相比，使用灵活，操作简单，学习时要灵活理解几个重要接口的用法。

6.4.1　DOM4J 概述

DOM4J 是一个易用的、开源的库，用于 XML、XPath 和 XSLT。它应用于 Java 平台，采用了 Java 集合框架并完全支持 DOM、SAX 和 JAXP。

DOM4J 使用起来非常简单，只要了解基本的 XML-DOM 模型，就能使用。DOM4J 最大的特色是使用大量的接口，目前对 DOM4J 的使用越来越广泛。

DOM4J 的主要接口都在 org.dom4j 这个包里定义：
- Attribute：定义了 XML 的属性。

- Branch：为能够包含子节点的节点，如 XML 元素 (Element) 和文档 (Docuemnts) 定义了一个公共的行为。
- CDATA：定义了 XML CDATA 区域。
- CharacterData：是一个标识接口，标识基于字符的节点，如 CDATA、Comment 和 Text。
- Comment：定义了 XML 注释的行为。
- Document：定义了 XML 文档。
- DocumentType：定义 XML DOCTYPE 声明。
- Element：定义 XML 元素。
- ElementHandler：定义了 Element 对象的处理器。
- ElementPath：被 ElementHandler 使用，用于取得当前正在处理的路径层次信息。
- Entity：定义 XML entity。
- Node：为所有的 DOM4j 中 XML 节点定义了多态行为。
- NodeFilter：定义了在 DOM4j 节点中产生的一个滤镜或谓词的行为（predicate）。
- ProcessingInstruction：定义 XML 处理指令。
- Text：定义 XML 文本节点。
- Visitor：用于实现 Visitor 模式。
- XPath：在分析一个字符串后会提供一个 XPath 表达式。

6.4.2 使用 DOM4J 操作 XML 数据

要使用 DOM4J 读写 XML 文档，需要先下载 DOM4j 包，在 DOM4J 官方网站下载后将相应的包加入工程就可以使用了。

下面通过示例 8 学习如何使用 DOM4J 读取 XML 的数据。

⊃ 示例 8

使用 DOM4J 读取如下 XML 文档中所有的学生信息。

```xml
<?xml version="1.0" encoding="gb2312"?>
<students>
  <student age="25"><!-- 如果没有 age 属性，默认为 20-->
    <name> 崔卫兵 </name>
    <college>PC 学院 </college>
    <telephone>62354666</telephone>
    <notes> 男，1982 年生，硕士，现就读于北京邮电大学 </notes>
  </student>
  <student>
    <name> 张洪泽 </name>
    <college leader="leader">PC 学院 </college><!-- 如果没有 leader 属性，默认为 leader-->
    <telephone>62358888</telephone>
    <notes> 男，1987 年生，硕士，现就读于中国农业大学 </notes>
```

            </student>
        </students>

实现步骤：

（1）导入 DOM4j 的 jar 包。

（2）指定要解析的 XML 文件。

（3）把 XML 文件转换成 Document 对象。

（4）获取节点属性或文本的值。

关键代码：

Dom4jReadExmple.java 关键代码：

```java
public class Dom4jReadExmple {
/**
 * 遍历整个 XML 文件，获取所有节点的值与其属性的值，并放入 HashMap 中
 * @param filename String 待遍历的 XML 文件（相对路径或者绝对路径）
 * @param hm HashMap 存放遍历结果
 */
public void iterateWholeXML(String filename,HashMap<String,String> hm){
    SAXReader saxReader=new SAXReader();
    try {
        Document document=saxReader.read(new File(filename));
        Element root=document.getRootElement();
        int num=-1;              //用于记录学生编号的变量
        // 遍历根元素（students）的所有子节点（肯定是 student 节点）
        for ( Iterator iter=root.elementIterator(); iter.hasNext(); ) {
            Element element=(Element) iter.next();
            num++;
            // 获取 student 节点的 age 属性的值
            Attribute ageAttr=element.attribute("age");
            if(ageAttr!=null){
                String age=ageAttr.getValue();
                if (age!=null&&!age.equals("")) {
                    hm.put(element.getName()+"-"+ageAttr.getName()+num, age);
                } else {
                    hm.put(element.getName()+"-"+ageAttr.getName()+num, "20");
                }
            }else{
                hm.put(element.getName()+"-age"+num, "20");
            }
            // 遍历 student 节点的所有子节点（即 name、college、telphone 和 notes），并处理
            for (Iterator iterInner=element.elementIterator(); iterInner.hasNext(); ) {
                Element elementInner=(Element) iterInner.next();
                if(elementInner.getName().equals("college")){
                    hm.put(elementInner.getName()+num, elementInner.getText());
                    // 获取 college 节点的 leader 属性的值
                    Attribute leaderAttr=elementInner.attribute("leader");
                    if(leaderAttr!=null){
                        String leader=leaderAttr.getValue();
```

```java
                if(leader!=null&&!leader.equals("")) {
                    hm.put(elementInner.getName()+"-"+leaderAttr.getName()
                        +num,leader);
                } else {
                    hm.put(elementInner.getName()+"-"+leaderAttr.getName()
                        +num,"leader");
                }
            }else {
                hm.put(elementInner.getName()+"-leader"+num, "leader");
            }
        }else{
            hm.put(elementInner.getName()+num, elementInner.getText());
        }
      }
    }
  } catch (DocumentException e) {
      e.printStackTrace();
  }
 }
}
```

TestDom4jReadExmple.java 关键代码：

```java
public class TestDom4jReadExmple {
    public static void main(String[] args) {
        try{
            // 获取解析完后的解析信息
            HashMap<String,String> hashMap;
            Dom4jReadExmple drb=new Dom4jReadExmple();
            // 遍历整个 XML 文件
            hashMap=new HashMap<String,String>();
            String n = System.getproperty("user.dir");    // 获取当前工程真实路径
            //studentInfo.xml 保存学生信息，放在 src 目录下
            drb.iterateWholeXML(n+"\\src\\studentInfo.xml",hashMap);
            for(int i=0;i<hashMap.size();i+=6){
                int j=i/6;
                System.out.print(hashMap.get("name"+j)+"\t");
                System.out.print(hashMap.get("student-age"+j)+"\t");
                System.out.print(hashMap.get("college"+j)+"\t");
                System.out.print(hashMap.get("college-leader"+j)+"\t");
                System.out.print(hashMap.get("telephone"+j)+"\t");
                System.out.println(hashMap.get("notes"+j)+"\t");
            }
        }catch(Exception ex){
            ex.printStackTrace();
        }
    }
}
```

输出结果如下所示：

崔卫兵 25 PC 学院 leader 62354666 男，1982 年生，硕士，现就读于北京邮电大学
张洪泽 20 PC 学院 leader 62358888 男，1987 年生，硕士，现就读于中国农业大学

示例 8 实现了使用 DOM4J 读取 XML 中的数据。使用 DOM4J 解析 XML 的关键操作总结如下。

1. Document 对象相关代码

读取 XML 文件，获得 document 对象。

SAXReader reader=new SAXReader();
Document document=reader.read(new File("input.xml"));

2. 节点相关代码

（1）获取文档的根元素。

Element rootElm=document.getRootElement();

（2）取得某节点的单个子节点。

Element memberElm=root.element("member");   //member 是节点名

（3）取得节点的文本内容。

String text=memberElm.getText();

也可以使用如下代码：

String text=root.elementText("name");   // 取得根元素下的 name 子节点的文本内容

（4）取得某节点下名为"member"的所有子节点并进行遍历。

List nodes=rootElm.elements("member");
for (Iterator it=nodes.iterator(); it.hasNext();) {
    Element elm=(Element) it.next();
    //……
}

（5）对某节点下的所有子节点进行遍历。

for(Iterator it=root.elementIterator();it.hasNext();){
    Element element=(Element) it.next();
    //……
}

（6）在某节点下添加子节点。

Element ageElm=newMemberElm.addElement("age");

（7）设置节点文本内容。

ageElm.setText("29");

（8）删除某节点。

parentElm.remove(childElm);   // childElm 是待删除的节点，parentElm 是其父节点

（9）添加一个 CDATA 节点。

Element contentElm=infoElm.addElement("content");
contentElm.addCDATA(diary.getContent());
contentElm.getText();   //特别说明：获取节点的 CDATA 值与获取节点的值是同一个方法
contentElm.clearContent();   // 清除节点中的内容，CDATA 亦可

3. 属性相关代码

（1）取得某节点下的某属性。

Element root=document.getRootElement();
Attribute attribute=root.attribute("size");   // 属性名 size

（2）取得属性的文本值。

String text=attribute.getText();

也可以用如下代码：

// 取得根节点下 name 子节点的属性 firstname 的值。
String text2=root.element("name").attributeValue("firstname");

（3）遍历某节点的所有属性。

Element root=document.getRootElement();
for(Iterator it=root.attributeIterator();it.hasNext();){
   Attribute attribute=(Attribute) it.next();
   String text=attribute.getText();
   System.out.println(text);
}

（4）设置某节点的属性和文本值。

newMemberElm.addAttribute("name", "sitinspring");

（5）设置属性的文本值。

Attribute attribute=root.attribute("name");
attribute.setText("sitinspring");

（6）删除某属性。

Attribute attribute=root.attribute("size");   // 属性名 size
root.remove(attribute);

4. 将文档写入 XML 文件的相关代码

（1）文档中全为英文，不设置编码格式，直接写入。

XMLWriter writer=new XMLWriter(new FileWriter("output.xml"));
writer.write(document);
writer.close();

（2）文档中含有中文，设置编码格式再写入。

OutputFormat format=OutputFormat.createPrettyPrint();
format.setEncoding("GBK");   // 指定 XML 编码格式
XMLWriter writer=new XMLWriter(new FileWriter("output.xml"),format);
writer.write(document);
writer.close();

根据上面总结的关键操作代码，可以实现使用 DOM4J 对 XML 文件数据的查询、添加、修改和删除等操作。

至此，任务 4 已经全部完成，大家亲自动手来体验一下 DOM4J 的强大之处吧。

 本章总结

本章学习了以下知识点：
- XML 是 Extensible Markup Language 的简称，即可扩展标记语言，XML 是基于文本的格式的。
- XML 作用主要有数据存储、数据交换和数据配置。
- DTD 是 Document Type Definition 即文档类型定义的缩写，DTD 用来描述 XML 文档的结构。
- 命名空间是在 XML 文档中可以用作元素或属性名称的名称集合，它们标志来自特定域（标准组织、公司、行业）的名称。
- XML Schema 可以对 XML 进行验证，和 DTD 相比，XML Schema 是使用 XML 语法编写的，它更易于学习和使用。
- 目前常用的 XML 解析技术有 4 种，分别是 DOM、SAX、JDOM 和 DOM4J。
- DOM 是 Document Object Model 即文档对象模型的缩写。
- DOM4J 是一个非常优秀的 Java XML API，具有性能优异、功能强大和易用的特点。

本章练习

1. 使用外部 DTD 文档验证保存电视剧信息的 XML 文档，请编写相应的 DTD 文档，要求如下：
类型：只能是爱情、生活、武侠、历史。
导演：只能出现 1 次。
主演：至少出现 1 次。
保存电视剧信息的 XML 文档如下：
```
<?xml version="1.0" encoding="gb2312"?>
<CCTV-8>
  <电视剧>
    <名称>乡村爱情</名称>
    <导演>赵本山</导演>
    <主演>小沈阳</主演>
    <类型>爱情</类型>
  </电视剧>
  <电视剧>
    <名称>不如跳舞</名称>
    <导演>张国立</导演>
    <主演>刘蓓</主演>
```

        <主演>范明</主演>
        <类型>生活</类型>
    </电视剧>
</CCTV-8>

2．分别使用 DOM 和 DOM4J 两种方式解析下面的 XML 文档，输出所有学员信息。

```
<students>
    <student>
        <name>苏鸿</name>
        <age>20</age>
        <school>北方交大</school>
    </student>
    <student>
        <name>李明</name>
        <age>21</age>
        <school>北大</school>
    </student>
</students>
```

3．在练习 2 的 XML 文档中添加两个学生信息，如表 6-4 所示。

表 6-4　添加的学生信息

姓　名	年　龄	学　校
张三	18	人民大学
李四	19	浙江大学

随手笔记

第7章

综合练习——电影院售票系统

本章重点

※ 实现影院的售票功能

本章目标

※ 使用泛型集合
※ 使用继承和多态
※ 读取 XML 的方法
※ 使用序列化反序列化
※ 使用枚举

本章任务

学习本章,需要完成以下 1 个工作任务。请记录学习过程中所遇到的问题,可以通过自己的努力或访问 kgc.cn 解决。

任务:完成"电影院售票系统"综合练习

任务 完成"电影院售票系统"综合练习

7.1.1 项目需求

"课工场影院"需要一个售票系统,用以销售每天不同时段的电影票,其中每日的放映安排信息存放在一个 XML 文件中。"课工场影院"售票系统的主要功能包括在影片列表中选择某个时段的一场电影、选择座位和一个种类的电影票,系统创建电影票,计算价格并输出电影票信息。

具体功能如下。

(1)放映列表的展示

系统支持查看电影放映场次时间、电影概况、影院座位。运行的效果如图 7.1 所示。

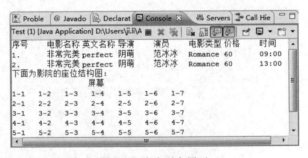

图 7.1 放映列表展示

(2)不同种类的电影票

影院提供 3 类电影票:普通票、赠票和学生票(赠票免费并且需要输入赠票者姓名,学生票有不同折扣)。

(3)场次可供选择

用户可以通过选择场次、电影票类型以及空闲座位进行购票。电影票如果已售出,系统将提示此票已售出。运行效果如图 7.2 所示。

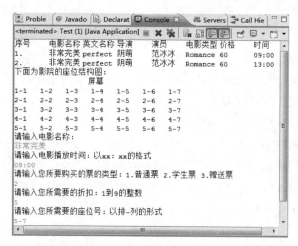

图 7.2 场次选择运行效果

（4）提供异常信息提示

如果用户没有正确选择票的信息将提示异常，如图 7.3 所示。如果该票已被售出则系统给出提示，需要重新购票。

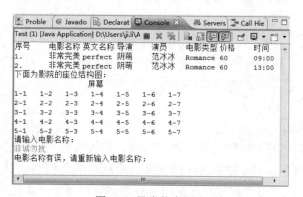

图 7.3 异常信息提示

（5）输出电影票

购票成功，输出（电影名＋类型＋时间＋座位号＋价格或者赠票者姓名），将电影票输出到指定的 txt 文件中。

（6）保存销售情况

系统可以对销售情况进行保存，并允许对其进行恢复。

7.1.2 项目环境准备

完成"影院售票系统"，对于开发环境的要求如下：

（1）开发工具：MyEclipse。

（2）JDK 1.7。

7.1.3 项目覆盖的技能点

项目覆盖的技能点如下：
（1）利用面向对象的思想设计系统架构。
（2）能够使用类图理解类关系。
（3）能够使用属性和方法构建类。
（4）能够使用泛型集合。
（5）能够使用枚举，定义电影类型枚举：喜剧、战争、爱情等。
（6）能够读取 XML 文件，输出信息到控制台。
（7）能够使用序列化和反序列化保存和恢复信息。

7.1.4 难点分析

1. 查看放映列表

电影放映安排信息存放在一个 XML 文件中，在程序中可以使用 DOM 解析该 XML 文件，使其中的放映安排以列表形式显示在屏幕上。

> **注意：**
> 在遍历节点时首先需要判断节点类型，NodeType 为 1 时才可以强制转换成 Element 类型，之后调用方法获取字符串信息。

2. 继续售票

可以采用序列化的方式实现继续售票功能。在每次售票时，把售出的票加入到一个集合中，每次售票结束时把集合序列化到一个指定的文件中。以便在下次售票时从该文件读取集合，从而获取已经售出的票。在序列化时需要注意强制转换。

7.1.5 项目实现思路

1. 完成项目涉及的类

（1）Seat：保存电影院的座位信息。主要成员如下。
- 座位号属性（seatNum）：String 类型。

（2）Movie：电影类。主要成员如下。
- 电影名属性（movieName）：String 类型。
- 电影英文名属性（poster）：String 类型。
- 导演名属性（director）：String 类型。
- 主演属性（actor）：String 类型。
- 电影类型属性（movieType）：MovieType 为自定义枚举类型。

- 定价属性（price）：int 类型。

(3) Ticket：电影票父类，保存电影票信息。主要成员如下。
- 放映场次（scheduleItem）：ScheduleItem 为自定义类型。
- 所属座位对象（seat）：自定义 Seat 类型。
- 票价属性（price）：int 类型。
- 计算票价的方法 compute()：没有返回值。
- 打印票的方法 print()：没有返回值。

(4) StudentTicket：学生票类，继承父类 Ticket，保存特殊的学生票信息。特有成员如下。
- 折扣属性（discount，用于指定学生票的折扣）：int 类型。

(5) FreeTicket：赠票类，继承父类 Ticket，保存特殊的赠票信息。特有成员如下。
- 获得赠票者的名字属性（customerName）：String 类型。

(6) ScheduleItem：影院每天放映计划的场次，保存每场电影的信息。主要成员如下。
- 放映时间属性（time）：String 类型。
- 本场所放映电影属性（movie）：自定义 Movie 类型。

(7) Schedule：放映计划类，保存电影院当天的放映计划集合。主要成员如下。
- 放映场次属性（items）：泛型集合 List<ScheduleItem> 类型。
- 读取 XML 文件获取放映计划集合方法：loadItems()。

(8) Cinema：电影院类，保存放映计划和座位类。主要成员如下。
- 放映计划（schedule）：自定义 Schedule 类型。
- 放映计划的场次（scheduleItem）：自定义 ScheduleItem 类型。
- 所属座位对象（seat）：自定义 Seat 类型。
- 已售出电影票的集合（soldTickets）：泛型集合 List<Ticket> 类型。
- 保存和读取销售情况的 save() 和 load() 方法。

(9) TicketFactory：简单工厂类，根据输入的值创建不同的电影票对象。主要成员如下。
- 创建电影票的方法，返回类型是 Ticket 类型。

2. 查看放映列表及影院座位

获取电影放映安排计划，根据标签名遍历 XML 文件，实现从 XML 文件中读入每天最新的放映安排信息列表，XML 文件内容如下所示。

```
<ShowList>
  <Movie>
    <Name>非常完美 </Name>
    <Poster>perfect </Poster>
    <Director>阴萌 </Director>
    <Actor>范冰冰 </Actor>
    <Type>Romance</Type>
```

```
            <Price>60</Price>
            <Schedule>
                <Item>09:00</Item>
                <Item>13:00</Item>
            </Schedule>
        </Movie>
    // 省略其他电影
    </ShowList>
```

在该 XML 文件中：

（1）根节点名称为"ShowList"。

（2）不同的电影由不同的"Movie"节点存储。

（3）"Movie"节点的子节点存储该电影的各项信息。

（4）"Item"节点存储电影的放映时间，同一个电影可能有多个放映时间。因此，每个电影的"Schedule"节点下可能包含多个"Item"节点。

思路分析：

（1）编写方法解析 XML 文件。

（2）把获得的文本信息保存到一个集合中。

（3）编写读取集合的方法，使读取的对象数据显示在屏幕上。

（4）因为影院座位是固定的，所以程序内部指定行数和列数，再循环输出影院座位信息。

3．提示用户输入购票信息

提示用户输入待购电影的名称、场次、座位号以及票的类别等，效果如图 7.2 所示。具体要求为：

（1）名称必须是列表中的电影的名称。

（2）场次必须为列表中该电影的场次的时间（格式为 xx：xx）。

（3）座位必须为列表中影院的座位（格式为行 - 列）。

思路分析：

（1）使用条件结构判断用户输入的信息，如果用户选择学生票则还需要用户输入票的折扣（必须为 1～9 的整数），如果用户选择赠票则还需要用户输入赠票者姓名。

（2）使用条件结构判断以上输入的格式，不符合规范将提示用户重新输入。

4．计算电影票价

思路分析：

（1）选择"普通票"，直接调用普通票类的票价计算方法。

（2）选择"学生票"，根据用户需要的不同折扣，重新计算优惠价。学生票类继承普通票类，并且重写普通票类的票价计算方法。

（3）选择"赠票"，优惠价为"0"。赠票类继承普通票类重写普通票类的票价计算方法。

5. 购票

思路分析：

（1）编写 Ticket 类及子类。

（2）子类重写父类的 print() 方法，实现电影票的不同输出格式。在购票成功时根据票的种类调用相应的 print() 方法。

（3）使用流的方式把信息输出到指定文件。

6. 继续售票

保存当前销售情况，把已售的票放在一个集合中。

思路分析：

（1）编写 save() 方法，序列化已售出影票集合，保存当前销售情况。

（2）编写 load() 方法，反序列化获得已售影票对象集合，如果用户想购买已售出的票，系统将提示此票已售出。

本章总结

本章介绍了如下知识点：

➢ 使用面向对象程序设计思想完成"电影院售票系统"。

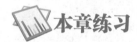

本章练习

独立完成"电影院售票系统"综合练习。

随手笔记